高等学校计算机基础教育教材

C语言程序设计实验指导

郭永艳　韩姗姗　秦　娥　编著

清华大学出版社
北京

内容简介

全书共分为 9 章。第 1 章是 C 语言编程概述;第 2 章是编程基础知识;第 3～9 章是具体的 C 语言编程知识,包括选择结构、循环结构、数组、函数、指针、结构体和文件。其中,第 2～9 章的章节均按照知识梳理、实验案例、实践项目、实践项目运行结果(或参考源代码)及本章常见错误小结的顺序进行编写,符合认知规律。

本书内容丰富,既可以作为高等学校"C 语言程序设计"课程的实验教材,也可以供自学者参考。

图书在版编目(CIP)数据

C 语言程序设计实验指导/郭永艳,韩姗姗,秦娥编著. —北京:清华大学出版社,2022.3(2024.4重印)
高等学校计算机基础教育教材
ISBN 978-7-302-59282-2

Ⅰ. ①C… Ⅱ. ①郭… ②韩… ③秦… Ⅲ. ①C 语言－程序设计－高等学校－教材 Ⅳ. ①TP312.8

中国版本图书馆 CIP 数据核字(2021)第 200448 号

责任编辑: 袁勤勇 杨 枫
封面设计: 常雪影
责任校对: 刘玉霞
责任印制: 从怀宇

出版发行: 清华大学出版社
网 址: https://www.tup.com.cn, https://www.wqxuetang.com
地 址: 北京清华大学学研大厦 A 座 **邮 编:** 100084
社 总 机: 010-83470000 **邮 购:** 010-62786544
投稿与读者服务: 010-62776969, c-service@tup.tsinghua.edu.cn
质量反馈: 010-62772015, zhiliang@tup.tsinghua.edu.cn
课件下载: https://www.tup.com.cn,010-83470236
印 装 者: 三河市科茂嘉荣印务有限公司
经 销: 全国新华书店
开 本: 185mm×260mm **印 张:** 10.5 **字 数:** 245 千字
版 次: 2022 年 5 月第 1 版 **印 次:** 2024 年 4 月第 3 次印刷
定 价: 38.00 元

产品编号: 091984-01

前言

C语言是使用较为广泛的程序设计语言之一。目前，许多高校已经将C语言程序设计列为大一新生的通识必修课。国内关于C语言程序设计的实验指导用书已有不少，编写各有千秋。但是，并没有专门针对非计算机专业的实验教材。适用于非计算机专业的实验教材在编写时要针对非计算机专业学生的学习特点和学习要求来确定如何组织内容以及组织哪些内容，既要考虑如何让学生“入得了门”，也要考虑入门之后“愿意主动修行”。

本书的编写从系统性、基础性、针对性、趣味性及挑战性等角度组织相关知识点，以方便自学为立足点，以全面提升读者的编程能力为目标。本书共分9章，第1章是C语言编程概述，第2章是编程基础知识，第3～9章是具体的C语言编程知识，其编写架构是一致的，共分为如下5部分。

(1) 知识梳理。介绍相关知识点，详细讲解重点、难点以及关键知识点。读者通过知识梳理即能对知识点有直观和系统的认知。

(2) 实验案例。实验案例针对知识点进行设计，遵循由易到难、循序渐进的原则进行组织。实验案例分为验证类和设计类。验证类实验案例旨在让学生理解基础知识点，通过分析程序运行结果或阅读程序并给出运行结果两种方式来实现；设计类实验案例旨在应用编程知识解决实际问题，由编程分析及参考源代码组成。编程分析涉及问题分析和编程要点，问题分析是将实验内容抽象成C语言的编程知识；编程要点则涉及具体知识点的应用。另外，对部分实验案例给出多种参考源代码以拓展学生的思维，鼓励学生“条条大路通罗马”；对某些实验案例增加了思考题以加深理解。

(3) 实践项目。实践项目针对知识点进行设计，旨在巩固消化相关知识点。实践项目由实验内容、编程分析(或问题分析)两部分组成，其中编程分析仅给出编程要点，没有详细分析，旨在给读者留下思考空间。

(4) 实践项目运行结果(或参考源代码)。读者对实践项目分析之后可以根据给出的程序运行结果(或参考源代码)进行比对。需要说明的是，运行结果是唯一的，但是源代码并不是唯一的，甚至可能不是最优的。另外，对于难度系数较高的源代码，在关键语句上附有注释，以方便理解。

(5) 本章常见错误小结。对本章常见的错误进行总结，且对每个错误都给出示例。

建议读者采用“知识梳理—本章常见错误小结—实验案例—实践项目—实践项目运行结果(或参考源代码)”的顺序进行学习，以达到事半功倍的效果。

本书既适用于高校教学，也可以供报考计算机等级考试者和其他自学者参考。

本书第3～9章由郭永艳编写，第1、2章由韩姗姗编写，秦娥参与部分代码的编写及调试工作。

本书的编写由浙江工业大学重点教材建设项目资助，在此表示衷心感谢。

由于编者水平有限，书中难免有纰漏或不足之处，希望各位读者和同行指正。

郭永艳

2022年1月

目录

第1章

C语言编程概述

C语言源程序要经过编辑、编译、连接之后才能形成可执行程序。本章以Dev C++集成开发环境为例介绍编译系统的安装和源程序的编辑、编译及运行的完整过程。

1.1 安装Dev C++

Dev C++是Windows环境下的一个开源且免费的轻量级C/C++集成开发环境(IDE),开发环境包括多页面窗口、工程编辑器以及调试器等。其中,工程编辑器中集合了编辑器、编译器、连接程序和执行程序。Dev C++对语法错误提供高亮度显示和完善的调试功能,能够适合初学者与编程高手的不同需求。Dev C++在32位或64位的Windows上都可以使用。首先从官网下载安装文件,如图1-1所示。

双击setup.exe文件,进入Dev C++的安装过程。

(1) 选择安装语言为English,如图1-2所示。

Dev-Cpp 5.11 TDM-GCC 4.9.2 Setup

图1-1 安装文件setup.exe

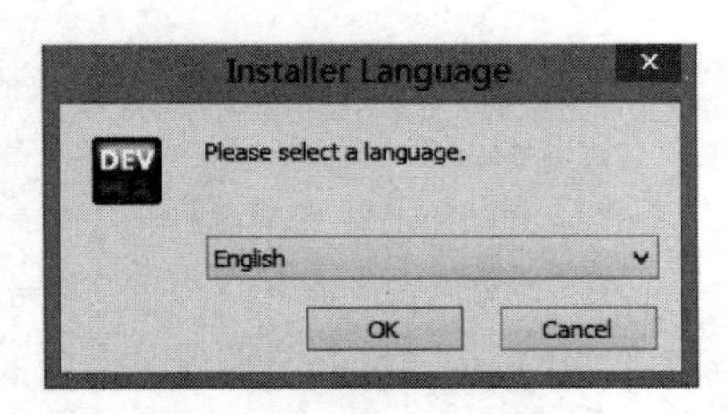

图1-2 选择安装语言

(2) 单击OK按钮,进入下一步,如图1-3所示。

(3) 单击I Agree按钮,进入下一步,如图1-4所示。

(4) 选择要安装的组件,然后单击Next按钮,进入下一步,如图1-5所示。

(5) 单击Browse按钮选择希望安装的目录,然后单击Install按钮,开始安装。安装完成界面如图1-6所示。

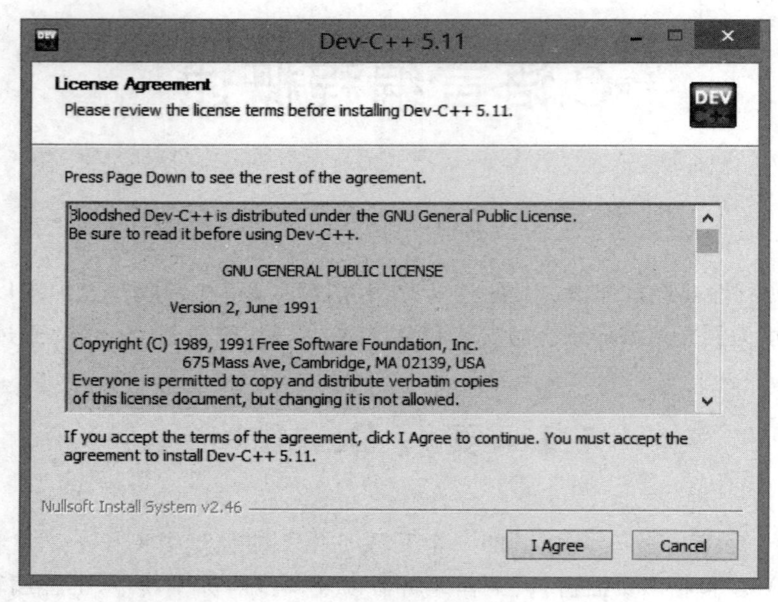

图 1-3　同意许可协议

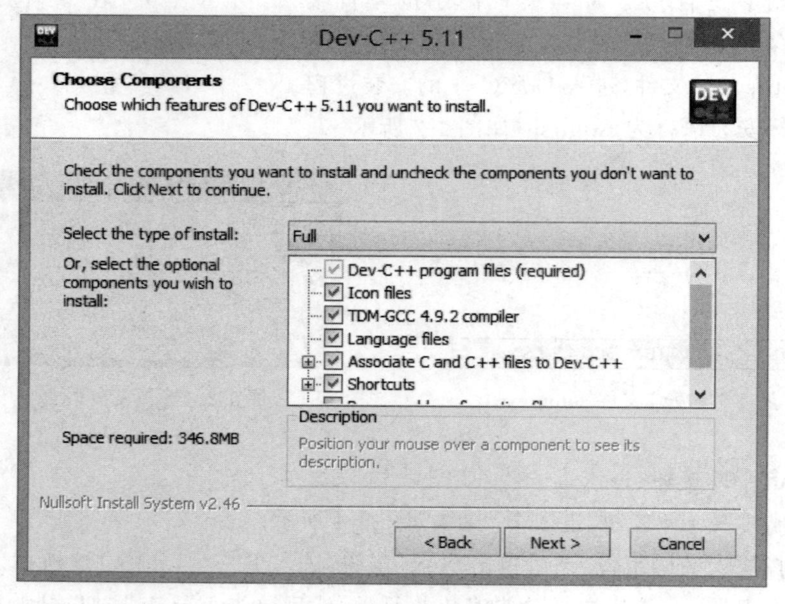

图 1-4　选择要安装的组件

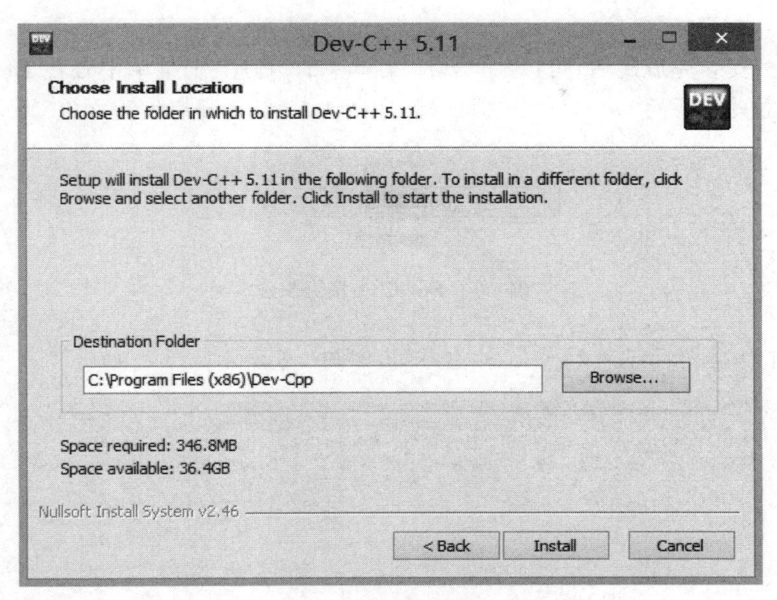

图 1-5　选择安装路径

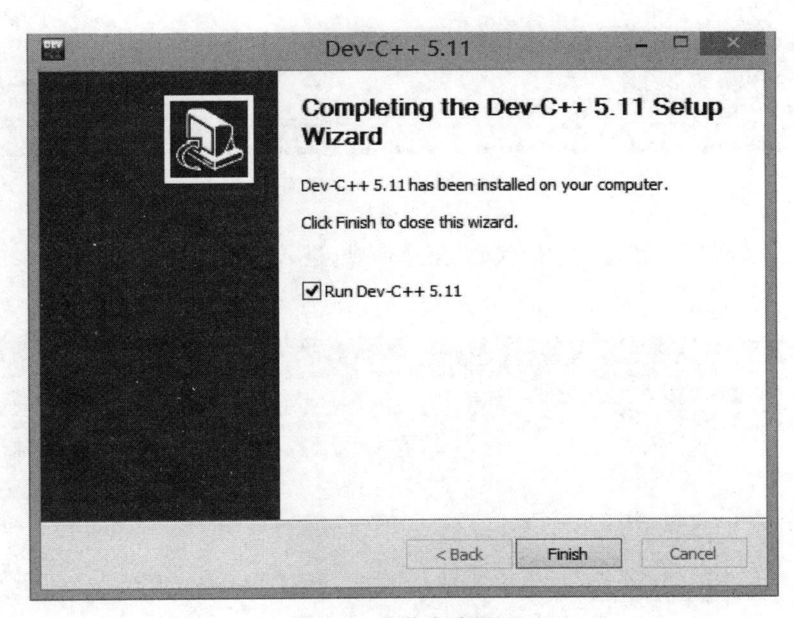

图 1-6　安装完成界面

1.2 第一个 C 语言程序

Dev C++ 安装完成之后,可以从“开始”菜单中的“程序”子菜单中查找 Dev C++ 并打开。或者双击桌面上的 Dev C++ 快捷图标,如图 1-7 所示,开启编程之旅。

图 1-7 Dev C++ 快捷图标

(1) 双击快捷图标进入 Dev C++ 主界面,如图 1-8 所示。

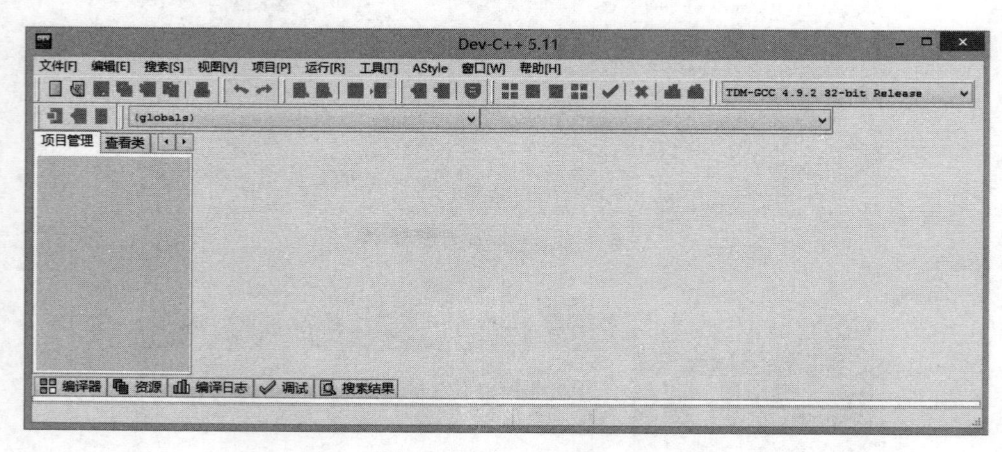

图 1-8 Dev C++ 主界面

(2) 选择“文件”→“新建”→“源代码”菜单命令,进入程序编辑界面,如图 1-9 和图 1-10 所示。

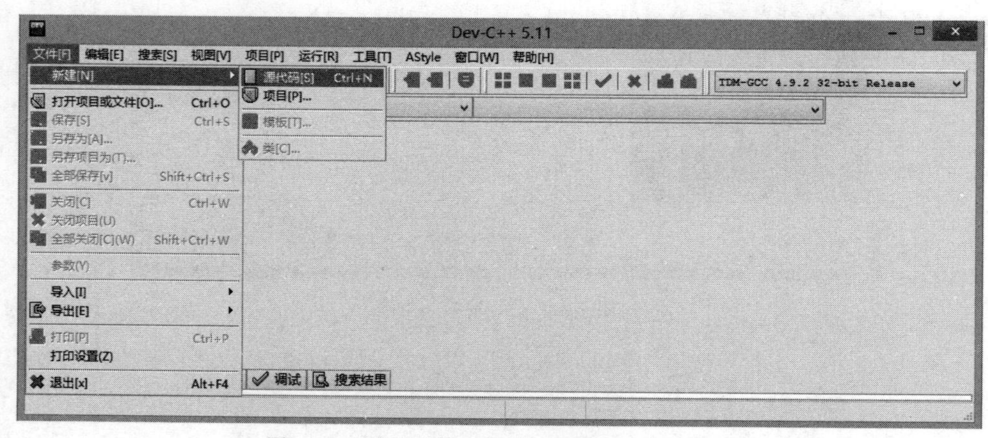

图 1-9 选择“文件→新建→源代码”菜单命令

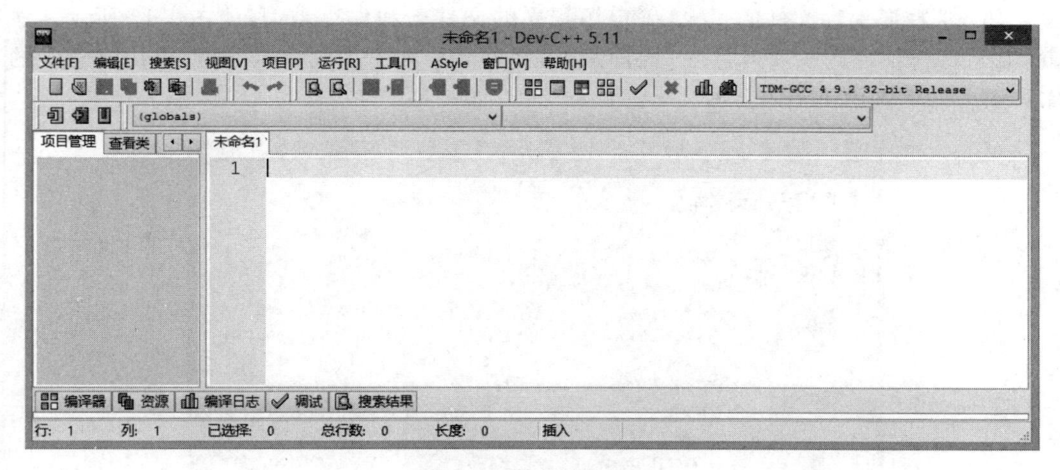

图 1-10　程序编辑界面

（3）在程序编辑界面输入源代码，如图 1-11 所示。

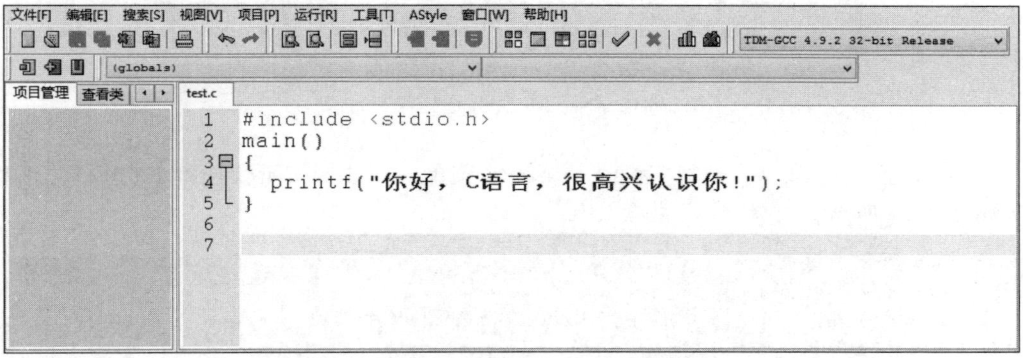

```
#include <stdio.h>
main()
{
  printf("你好，C语言，很高兴认识你！");
}
```

图 1-11　在程序编辑界面中输入源代码

（4）源代码编辑完成之后，选择“文件”→“保存”菜单命令，保存源代码，如图 1-12 所示。

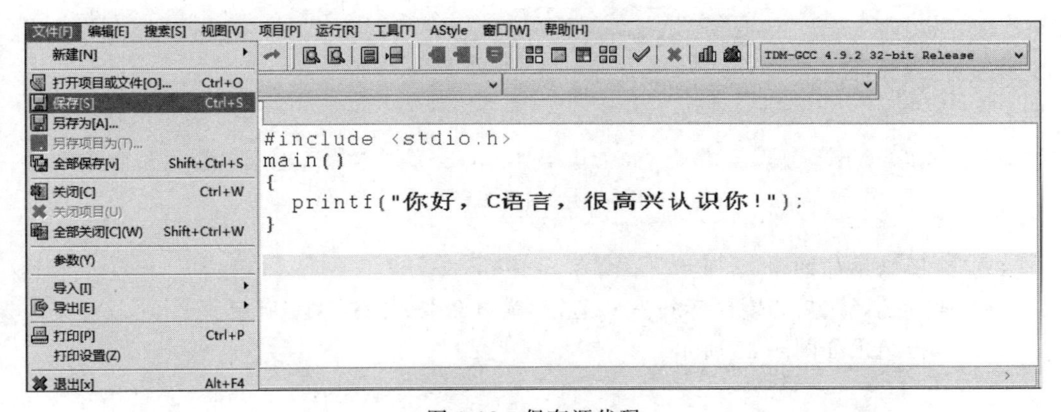

图 1-12　保存源代码

（5）选择要保存文件的目录，确定源程序的文件名和保存类型，如图 1-13 所示。注意：C 程序源文件的扩展名是.c。除此之外，文件名不能出现汉字，尽可能采用有意义的字符组合。本例中将程序命名为 test.c。

图 1-13　命名源文件并选择保存目录

（6）源程序保存之后，选择“运行”→“编译”菜单命令或者按下快捷键 F9 进行语法检查，如图 1-14 所示。

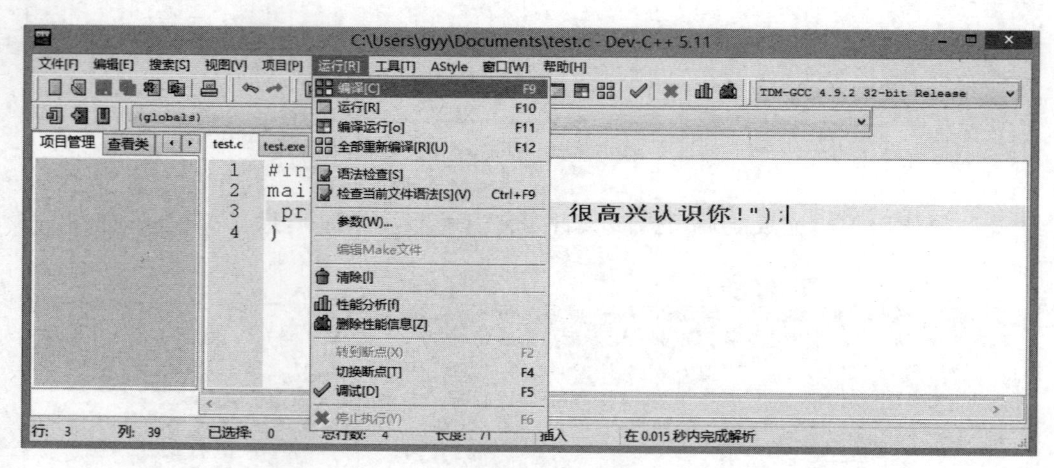

图 1-14　编译源程序

（7）编译结果如图 1-15 所示。

（8）通过编译之后，选择“运行”→“运行”菜单命令，如图 1-16 所示。

（9）运行结果如图 1-17 所示。

```
1  #include <stdio.h>
2  main()
3  {
4     printf("你好，C语言，很高兴认识你!");
5  }
6
7
```

编译日志 ✓调试 搜索结果 关闭

```
编译单个文件...
--------
- 文件名: C:\Users\gyy\Documents\test.c
- 编译器名: TDM-GCC 4.9.2 32-bit Release

处理 C 源文件...
--------
- C 编译器: C:\Program Files (x86)\Dev-Cpp\MinGW64\bin\gcc.exe
- 命令: gcc.exe "C:\Users\gyy\Documents\test.c" -o "C:\Users\gyy\Documents\test.exe" -m32 -I"C

编译结果...
--------
- 错误: 0
- 警告: 0
- 输出文件名: C:\Users\gyy\Documents\test.exe
- 输出大小: 101.6064453125 KiB
- 编译时间: 1.41s
```

图 1-15　编译结果

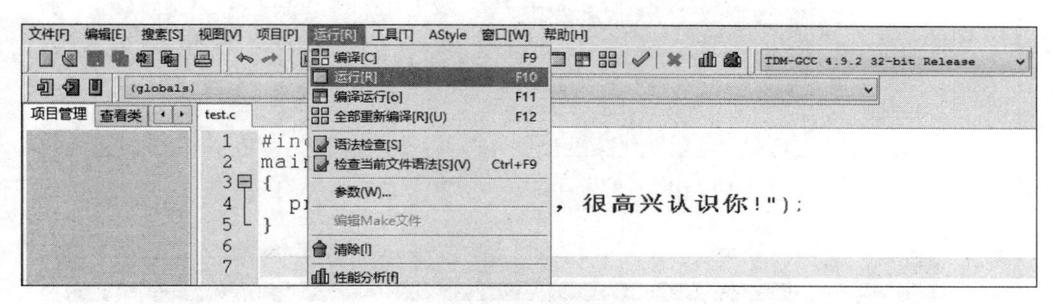

图 1-16　运行程序

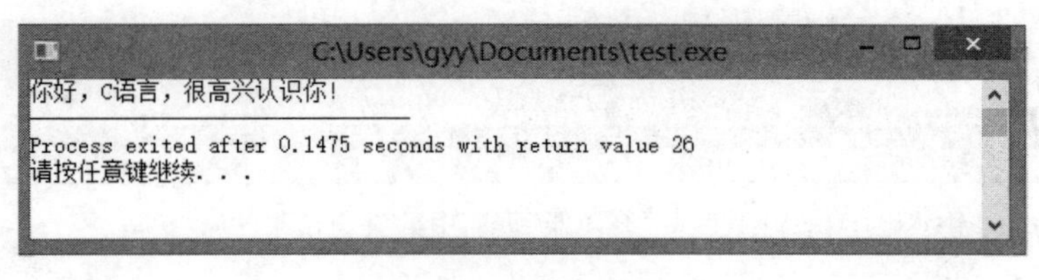

图 1-17　运行结果

注意：开始学习时，只要掌握编译系统的基本用法，能运行 C 程序即可，不必深究每个菜单命令的详细用法，随着学习的深入，在学习的过程中再逐步深入了解。

1.3　编译错误和程序错误

如果程序中有语法错误，编译之后会指出错误所在位置。如果将源程序中第 4 行末尾的分号去掉并保存程序，则编译结果如图 1-18（“编译日志”页面）和图 1-19 所示（“编译器”页面）。

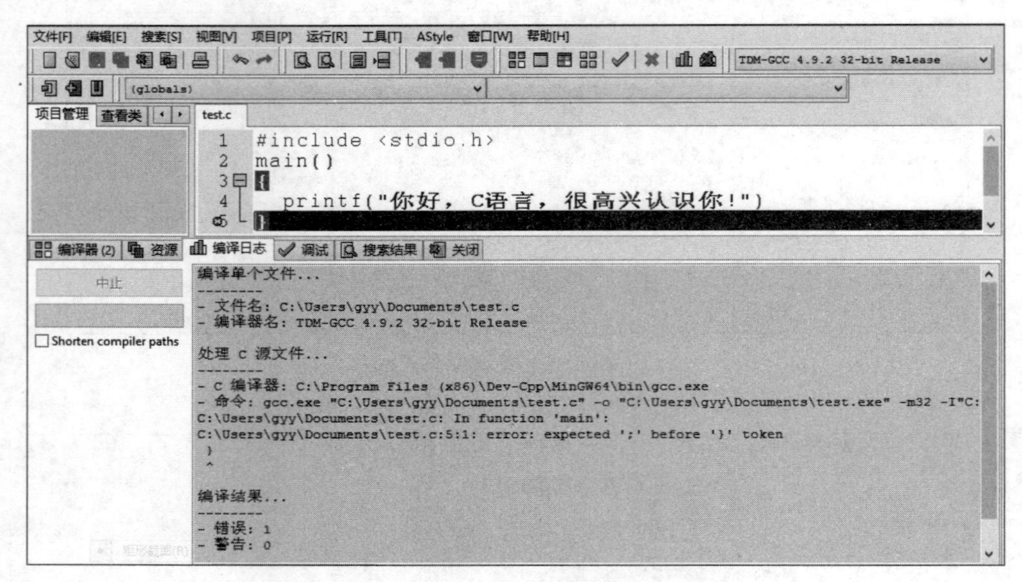

图 1-18　“编译日志”页面中的编译结果

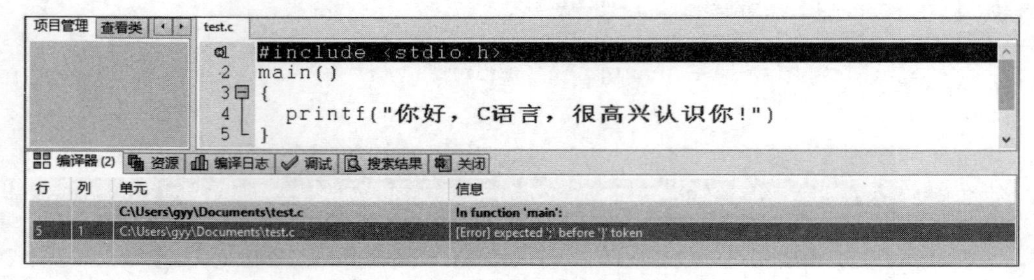

图 1-19　“编译器”页面中的编译结果

编译结果显示：程序中有 1 个致命性错误（error）和 0 个警告性错误（warning）。其中，文件第 5 行有 1 个致命性语法错误，语法错误为[Error]expected ';' before '}' token。这句话的意思是花括号“}”前面漏写了分号“;”。

从编译系统的角度来看，编译错误分为致命性错误和警告性错误。其中，致命性错误必须全部消除，否则程序不能运行。而警告性错误一般不影响程序的执行，未必一定要消除，但是当程序运行结果不符合预期时，要关注是否为警告性错误引发的。

若有致命性错误，双击该出错行，光标会自动定位在编辑窗口中对应的行，根据信息提示分别予以纠正后，可再次编译、运行。**应当注意的是，有时提示出错的地方并不是真正出错的位置，如果在提示出错的行找不到错误，可以到上一行再找。**

当编译信息显示过多的致命性错误时，建议先从书写位置靠前的开始排错，因为一个错误可能会产生多个错误信息显示。例如，使用的变量未经定义，编译时就会对所有含该变量的语句发出出错信息。这时，只要加上一个变量定义，所有的相关错误就都消失了。

初学者最容易犯的错误是在中文输入模式下输入逗号、分号、单引号及双引号等。

从程序的角度来看，程序错误分为语法错误和逻辑错误两大类。语法错误是指违反了C语言语法，由编译系统进行检查，进一步分为致命性错误和警告性错误两种。逻辑错误则是语义错误，即运行结果并不是程序员所期待的结果。逻辑错误要由程序员自己检查。

第2章

编程基础知识

C语言程序设计的基础知识包括数据类型、变量和常量的定义及引用、类型转换、运算符及表达式、数据的输入和输出。

2.1 知识梳理

2.1.1 数据类型

C语言中的数据类型分为基本数据类型和构造数据类型。基本数据类型分为数值类型和字符类型,其中数值类型又分为整型和浮点型。

1. 整型数据

整型数据分为短整型(short)、整型(int)和长整型(long)。其中,short类型的数据长度是16位,int、long类型的数据长度是32位。根据最高位是否为符号位,也可以分为有符号(signed)整数和无符号(unsigned)整数。其具体区别如表2-1所示。

表2-1 整型数据的长度、类型标识符与数值范围对照表

类 型	长度/位	类型标识符	数值范围
有符号整数	16	short	−32768～32767
	32	int、long	−2147483648～2147483647
无符号整数	16	unsigned short	0～65535
	32	unsigned int、unsigned long	0～4294967295

2. 浮点型数据

浮点型数据分为单精度型(float)和双精度型(double),对应的数据长度及精度如表2-2所示。

表 2-2　浮点型数据的类型标识符、长度、取值范围与精度

类型标识符	长度/位	取 值 范 围	精度/位
float	32	约$\pm(3.4\times10^{-38}\sim3.4\times10^{38})$	7
double	64	约$\pm(1.7\times10^{-308}\sim1.7\times10^{308})$	16

3. 字符型

字符型数据(char)以 ASCII 码的形式存放在内存,占 1 字节的存储空间。

2.1.2　常量和变量

1. 常量

常量是指在程序运行过程中,其值不能被改变的量。常量类型分为如下 5 种。

(1) 整型常量：分为十进制、八进制、十六进制共 3 种形式。其中,八进制整型常量以 0 开头,十六进制整型常量以 0x 或者 0X 开头。例如,0136、0x3a、0X2BE3 均为合法的整型常量。

(2) 浮点型常量：用十进制小数形式或指数形式表示。指数形式表示浮点型常量的一般形式为 aEn(或 aen)。其中,a 是小数部分,E(或 e)是阶码标志,n 为阶码(必须是整数),其表示的数为 $a\times10^{n}$。例如：－1.5E＋6、7.32E－3、2.1e＋6、.3E＋2 都是合法的指数形式。

(3) 字符常量：包括普通的字符常量和转义字符。普通的字符常量用单引号括起来,如'd'、'3'、'*'等(字符可以是 ASCII 码表中的任意字符)。

转义字符是一种特殊的字符常量,以反斜杠开头,后面跟一个字符或者若干数字(跟在转义字符后面的字符或者若干数字已经失去了其原有的含义)。转义字符常用于输出格式的控制。例如：'\n'表示换行符;'\t'表示退格符;'\105'表示字符 E;'\X46'表示字符 F。

(4) 字符串常量：指用双引号括起来的若干字符。

注意：字符串常量所占的存储空间字节数是字符串中字符的个数加 1,增加的 1 字节用来存放字符串的结束标志'\0'。

(5) 符号常量：指用标识符表示的常量。符号常量的定义形式为

```
#define 标识符 字符串
```

一般来讲,符号常量的标识符用大写字母,而一般变量的标识符用小写字母。

2. 变量

变量必须先声明再使用。变量声明之后,系统将为其分配相应大小的存储空间。

变量声明的一般形式为

```
类型标识符 变量名列表;
```

例如：

```
int m;
```

该语句的含义是声明 m 是整型变量。系统将为变量 m 分配 4 字节的存储空间。

2.1.3 类型转换

参与运算的变量和常量必须具有相同的数据类型。在执行运算之前，不同类型的数据首先要进行类型转换。类型转换分为自动转换和强制转换两种方式。

1. 自动转换

在进行算术运算时，不同类型的数据首先要转换成同一类型，然后再进行计算。类型自动转换由编译器完成。

类型自动转换的规则：char→short→int→float→double。

2. 强制转换

C 语言提供了类型强制转换运算符，强制转换由程序员完成。

强制转换的一般形式为

```
(数据类型标识符) 表达式
```

例如：

```
int x=3,y=2;
float a;
a=(float)x/y;                          //该语句执行之后 a=1.5
```

注意：类型转换(不管是自动转换还是强制转换)的目的是执行某次运算，并不会改变声明语句中对变量类型的声明。

2.1.4 运算符及表达式

运算符是指对数据进行各种不同运算的符号，而表达式是指用运算符和圆括号将操作数连接起来所构成的式子。C 语言运算符分为算术运算符、赋值运算符、关系运算符及逻辑运算符，不同运算符参与运算时，具有不同的优先级。

1. 算术运算符及表达式

算术运算符分为+(加)、-(减)、*(乘)、/(除)、%(余)。算术运算符的优先级是先乘除、后加减，取余的优先级和乘除相同。算术运算符的应用规则如下。

(1) 字符类型数据参与算术运算时，字符会自动转换成其对应的 ASCII 码值。

例如：12+'B'的值为 78。

(2) 不同类型的数据做算术运算时，编译器会自动转换其数据类型。

例如：

```
float m=3.6;
m=12+m;
```

编译器首先将 12 转换成 float 类型，然后再做加法。最后 m 的值是 15.6。

注意与以下语句的区别：

```
int b=12;
b=b+6.7;
```

编译器首先将 b 转换成 float 类型，然后再做加法，最后将计算结果(float 类型)转换成 int 类型后赋值给 b。执行该语句之后 b 的值是 18。

(3) 两个整型数据做除运算的结果是整数。

例如：7/2 的结果是 3。

注意：7.0/2 的结果为 3.5。

(4) 取余运算符的操作数类型必须是整数。

2. 自增、自减运算符及表达式

(1) 自增运算符(++)：分为先自增和后自增两种方式。

例如：

```
++a;                              //先对变量 a 进行加 1 的运算，然后再调用 a 的值
a++;                              //先调用 a 的值，然后再对变量 a 进行加 1 的运算
```

(2) 自减运算符(--)：使用方法同自增运算符，不再赘述。

(3) 自增、自减表达式：

例如：++i 和 j-- 都是正确的表达式。

3. 赋值运算符及表达式

赋值运算符分为基本赋值运算符和复合赋值运算符。

(1) 基本赋值运算符：=。

(2) 复合赋值运算符：+=、-=、*=、/=、%=。

例如：表达式 sum+=i 等价于 sum=sum+i。

4. 关系运算符及表达式

(1) 关系运算符：==(等于)、!=(不等于)、>(大于)、>=(大于或等于)、<(小于)、<=(小于或等于)。

(2) 关系表达式。

关系表达式的一般形式为

表达式 1 关系运算符 表达式 2

关系运算的结果是“成立”或“不成立”，等价于逻辑意义上的“真”或“假”。关系表达式的值为0或1。关系表达式成立时，其值为1；关系表达式不成立时，其值为0。

例如：如果 i=3，j=4，则表达式 i>j 的值为0，表达式 i!=j 的值为1。

(3) 关系运算符与赋值运算符的区别。

关系运算符是“==”，而赋值运算符是“=”。不要混淆！

5. 逻辑运算符及表达式

逻辑运算用来判断运算对象的逻辑关系，运算对象为关系表达式或逻辑量。

(1) 逻辑运算符。

逻辑运算符分为 &&(逻辑与)、||(逻辑或)、!(逻辑非)。

优先级由高到低的顺序是逻辑非、逻辑与、逻辑或。

(2) 逻辑表达式。

逻辑表达式的值为0或1。当逻辑表达式为真时，其值为1；当逻辑表达式为假时，其值为0。例如：

```
int i=4,j=3,m;
m=(i>j)&&(j>0);                      //该语句执行之后,m的值为1
```

(3) 注意事项。

① 非零即为真。C语言在判断参加运算的对象的真、假时，将非零的数值当作“真”，0当作“假”。例如，如果 m=−12，则! m 的值为零。

再如：

```
if(m)  m=6.0/m;
```

该语句中，括号内的 m 当作逻辑表达式使用，如果 m 为非零值，代表逻辑值“真”，即条件成立。该语句等价于

```
if(m!=0) m=6.0/a;
```

② 如果 && 的第一个运算对象为假，则编译系统不再计算或判断第二个运算对象。例如：

```
int m=0,n=3,x;
x=(m++)&&(++n);                      //该语句执行之后,x=0,m=1,n=3
```

③ 如果||的第一个运算对象为真，则编译系统不再计算或判断第二个运算对象。例如：

```
int m=20,n=3,x;
x=(m++)||(++n);                      //该语句执行之后,x=1,m=21,n=3
```

6. 条件表达式

条件表达式的一般形式为

```
表达式?表达式 1:表达式 2
```

执行过程：当表达式的值为真时，运算结果为表达式 1 的值；当表达式 1 的值为假时，运算结果为表达式 2 的值。

例如：

```
m=i>j?i:j;
```

该语句的含义是当 i>j 时，m=i；当 i<=j 时，m=j。

7. 逗号表达式

逗号表达式的一般形式为

```
表达式 1,表达式 2,……,表达式 n
```

执行过程：依次计算各表达式的值，其中整个逗号表达式的值是表达式 n 的值。

例如：若 i 的值为 2，语句"m=(j=i++,j=i+2);"的执行步骤是将 2 赋值给 j，i 自增为 3，将 5 赋值给 j；逗号表达式的值取最后一个表达式的值即 5，因此 m 的值是 5。

8. 运算符优先级

运算符的优先级由高到低的顺序为！（逻辑非），*、/、%，+、-，>、>=、<、<=，==、!=，&&（逻辑与），||（逻辑或）。

2.1.5 数据的输入及输出

C 语言提供若干库函数用于完成数据的输入/输出工作，相关库函数放在头文件 stdio.h 中。

1. 字符数据的输入

从键盘输入字符由函数 getchar 实现。

例如：

```
ch=getchar();
```

该语句的含义是将由键盘输入的字符赋值给字符变量 ch。

注意：

(1) getchar 函数只能输入单个字符。

(2) 调用 getchar 函数输入字符时，输入字符后需要按回车(Enter)键。按回车键表示字符输入结束。

(3) 将回车键作为输入字符时，直接按回车键即可。

2. 字符数据的输出

将字符输出到显示器由函数 putchar 实现。

例如：

```
char ch='a';
putchar(ch);
```

该语句的含义是将字符变量 ch 的值输出到显示器。注意：函数 putchar 只能输出单个字符。

3. 格式化数据的输入

格式输入函数 scanf：按照指定的格式从键盘读入数据并赋值给相应变量。

scanf 函数的调用形式为

```
scanf("格式控制字符串",地址表列);
```

其中，格式控制符分为%d、%o、%x、%u、%f(或%e)、%lf、%c、%s，其含义如表 2-3 所示。

表 2-3　scanf 函数格式控制字符及含义

格式控制字符	含　义
%d	输入十进制整数
%o	输入八进制整数
%x	输入十六进制整数
%u	输入无符号十进制整数
%f	输入实数(float 类型)
%lf	输入实数(double 类型)
%c	输入字符
%s	输入字符串

地址表列是由若干地址组成的列表，相邻地址之间用逗号“,”分开。变量地址用“&变量名”表示，其中，& 是取地址运算符。

例如：

```
scanf("%d%d\n",&i,&j);
```

该语句的含义是从键盘输入两个整数并分别赋值给变量 i 和 j。

注意：

(1) 输入数据的分隔符。

数值类型数据的默认分隔符包括空格、换行('\n')、Tab 键('\t')。

(2) 格式控制字符串内的非格式符都必须在输入数据中出现。

例如：scanf("%f%f",&x,&y)对应的两个输入数据之间可以用空格或换行或 Tab 间隔，而 scanf("%f,%f",&x,&y)对应的两个输入数之间必须用逗号分隔。

4. 格式化数据的输出

(1) 格式输出函数 printf：按照指定的格式将数据输出到显示器。

printf 函数的调用形式为

```
printf("格式控制字符串",输出项表列);
```

其中,格式控制字符串由格式控制字符和其他字符组成,格式控制字符如表 2-3 所示。printf 函数从格式控制字符串的首字符开始输出,至格式控制字符串尾部结束输出,基本规则为遇非格式控制字符则直接输出,遇格式控制字符则以此格式输出列表中对应表达式的值。

例如：

```
int a=3,b=5;
printf("a=%d,b=%d。",a,b);
```

该输出语句的结果为：a＝3,b＝5。

(2) 控制输出数据的宽度。

① 整型数据、字符数据及字符串。

整型数据、字符数据及字符串的输出规则一致,下面以整型数据为例介绍,其输出格式及含义如表 2-4 所示。

表 2-4　整型数据的输出

输出格式	含　义
%d	按照数据的实际长度输出
%md	输出数据的宽度是 m,其中,m 小于实际宽度时不起作用,m 大于实际宽度时左边补空格
%-md	输出数据的宽度是 m,其中,m 小于实际宽度时不起作用,m 大于实际宽度时右边补空格

② 浮点型数据。

浮点型数据的输出格式及含义如表 2-5 所示。

表 2-5　浮点型数据的输出

输出格式	含　义
%f	整数部分全部输出,并输出 6 位小数(不足 6 位补 0,超过 6 位末位四舍五入)。注意：并非全部数字都是有效数字
%m.nf	输出数据共占 m 个字符宽度(含小数点),其中 n 是小数点后面的位数,当 n 大于输出数据的有效小数位时,超出部分的输出结果是不可信的。 m 大于实际宽度时,左边补空格至 m 位;m 小于实际宽度时,m 不起作用。 与之等效的格式符为 %.nf
%-m.nf	含义同%m.nf,不同之处在于向右补空格

例 2-1

```
double i=123.123456789;
printf("%f",i);                        //该语句的输出结果是 123.123457
```

例 2-2

```
float x=53256.81;
double pi=3.1415926535;
printf("x=%4.2f    pi=%14.10f\n",x,pi);
```

输出结果:

```
x=53256.81    pi=3.1415926535
```

2.2 实验案例

2.2.1 实验案例 2-1:scanf 函数的使用

【实验内容】 阅读程序并分析运行结果。

```
#include <stdio.h>
main( )
{
  int x,y;
  printf("请输入两个数:");          //第 5 行
  scanf("%d,%d",&x,&y);            //第 6 行
  printf("你输入的两个数是:%d,%d",x,y);
}
```

用户输入 12 34 后,程序的运行结果如图 2-1 所示。请分析产生错误的原因。

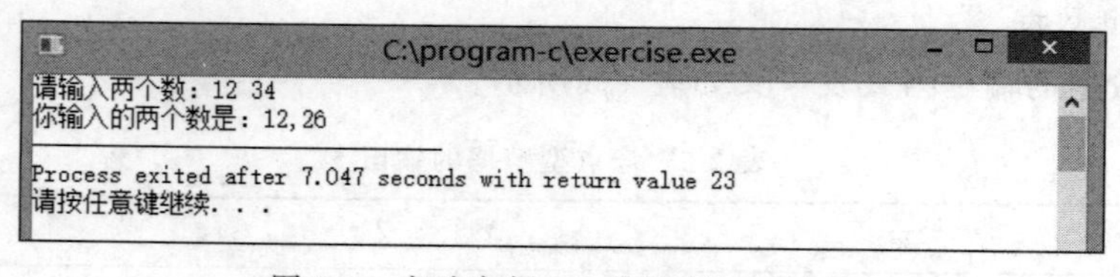

C:\program-c\exercise.exe
请输入两个数: 12 34
你输入的两个数是: 12,26
Process exited after 7.047 seconds with return value 23
请按任意键继续. . .

图 2-1 实验案例 2-1 的程序运行结果

【运行结果分析】 运行结果错误的原因在于:语句“scanf("%d,%d",&x,&y);”规定输入数据之间必须用逗号分隔符,而用户输入数据时采用了空格分隔符。

注意:用户输入数据时采用的分隔符必须跟程序员规定的分隔符一致。

为提高程序的用户友好性,当程序员规定了特别的分隔符时,可以增加一条提示信息。第 5 行代码可以修改为

```
printf("请输入两个数,以逗号分隔:");
```

2.2.2 实验案例 2-2：变量的值与地址

【实验内容】 阅读程序并分析运行结果。

```
#include <stdio.h>
main( )
{
  int i.j=12;
  printf("i=%d i 在内存的地址是: %x\n",i,&i);    //第 5 行
  printf("j=%d j 在内存的地址是: %x\n",j,&j);    //第 6 行
}
```

程序运行结果如图 2-2 所示。

```
i=25      i在内存的地址是:  28febc
j=12      j在内存的地址是:  28feb8

Process exited after 0.07484 seconds with return value 0
请按任意键继续. . .
```

图 2-2　实验案例 2-2 的程序运行结果

【运行结果分析】 程序中定义的每个变量都会被分配确定的内存区域,内存区域的大小由变量类型决定。变量所占内存区域的第一个字节的地址称为变量的地址,地址通常用十六进制数表示。变量的值和变量的地址是两个不同的概念。输出变量的地址时通常采用%x,其中 x 是十六进制数的意思。

代码中声明变量 i 是 int 类型,但并没有赋初值。而未初始化的变量,其值是不确定的。因此,第 5 行代码的输出结果 i=25 是个随机值。

【思考题】 如果在不同的时间,不同的编译器上运行本程序,i 的值和地址有没有可能会发生变化?请验证你的想法。

2.2.3 实验案例 2-3：字符类型数据

【实验内容】 阅读程序并写出运行结果。

```
#include <stdio.h>
main()
{
  char ch='B';
  printf("字符%c 的 ASCII 码值是:%d\n",ch);
  printf("字符%c 的相邻字符是:%c、%c\n",ch-1,ch+1);
}
```

【程序分析】 字符类型数据在内存中以 ASCII 码值存放，字符既可以按照整数类型输出，也可以按照字符类型输出。字符参与算术运算时，编译系统会自动将字符数据转换成整数进行处理。表达式“ch-1”中既有整数又有字符参与运算时，编译器首先会自动将字符数据 ch 转换成整数类型，然后再进行减 1 运算。

程序运行结果如图 2-3 所示。

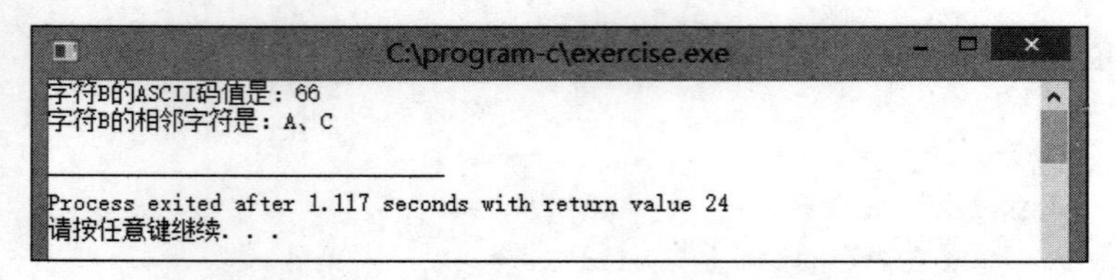

图 2-3　实验案例 2-3 的程序运行结果

【思考题】 字符型数据参与加(或减)运算的本质是什么？字符型数据可以参与乘、除运算吗？

2.2.4　实验案例 2-4：int 类型数据的取值范围

【实验内容】 阅读程序并分析运行结果。

```
#include <stdio.h>
#include <limits.h>
main( )
{
  int i;
  i=INT_MAX;
  printf("int 类型能表示的最大的数是:%d\n",i);
  printf("%d+1=%d\n",i,i+1);
  printf("%d+2=%d\n",i,i+2);
  printf("%d+3=%d\n",i,i+3);
}
```

程序运行结果如图 2-4 所示。

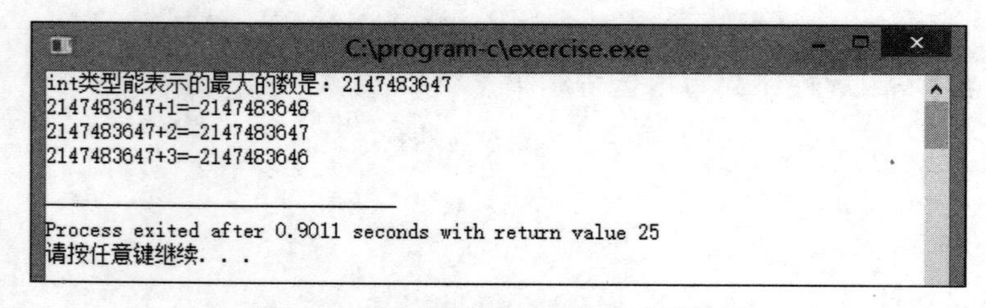

图 2-4　实验案例 2-4 的程序运行结果

【运行结果分析】 符号常量 INT_MAX 表示 int 类型数据的最大值 2147483647，当计算结果超过最大值后，编译器不会报错，但会得到错误的结果。在编程时一定要注意选择正确的数据类型，以确保计算结果不会溢出。

2.2.5 实验案例 2-5：数据类型的自动转换

【实验内容】 阅读程序并写出运行结果。

```
#include <stdio.h>
main( )
{
  int x=7;
  char c='%';
  float y=9.0;
  printf("%d/3=%d\n",x,x/3);
  printf("%d%c3=%d\n",x,c,x%3);
  printf("%d/3.0=%f\n",x,x/3.0);
  printf("%f/2=%f\n",y,y/2);
}
```

【程序分析】 参与算术运算的操作数的类型应该一致，类型不一致时，编译器会自动进行类型转换然后再进行计算。整数和整数进行除运算，运算结果是整数；整数和实数进行除运算，运算结果是实数。

程序运行结果如图 2-5 所示。

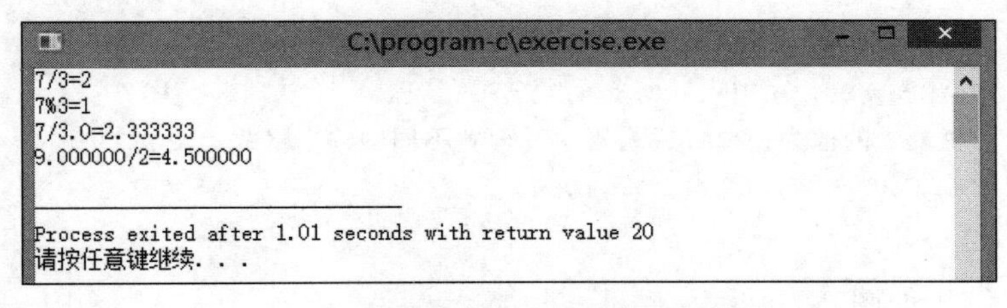

图 2-5 实验案例 2-5 的程序运行结果

【思考题】 除运算符"/"没有限制操作数的类型，而取余运算符"%"只能用于整数和字符的运算，不能用于浮点型数据的运算。想一想原因是什么？

2.2.6 实验案例 2-6：逗号表达式

【实验内容】 阅读程序并写出运行结果。

```
#include <stdio.h>
main()
{
  int i=2,j,m,a;
```

```
    m=(j=i++,j=i+2);
    printf("%d,%d,%d\n",i,j,m);
    a=15,a*4,a+5;
    printf("%d",a);
}
```

【程序分析】 逗号表达式的执行过程：按从左到右的顺序计算各表达式的值，整个逗号表达式的值是最右边表达式的值。

程序运行结果如图 2-6 所示。

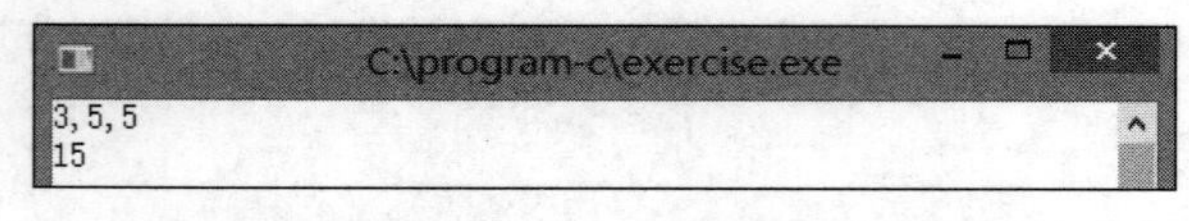

图 2-6 实验案例 2-6 的程序运行结果

2.2.7 实验案例 2-7：printf 函数

【实验内容】 阅读程序并分析运行结果。

```
#include <stdio.h>
main()
{
    int  a=9876;
    float b=1234.567;
    printf("变量 a 的值为 9876,观察并理解不同的输出格式:\n");
    printf("%d,\n%8d,\n%08d\n",a,a,a);
    printf("变量 b 的值为 1234.567,观察并理解不同的输出格式:\n");
    printf("%f,\n%3.2f,\n%.2f",b,b,b);
}
```

程序运行结果如图 2-7 所示。

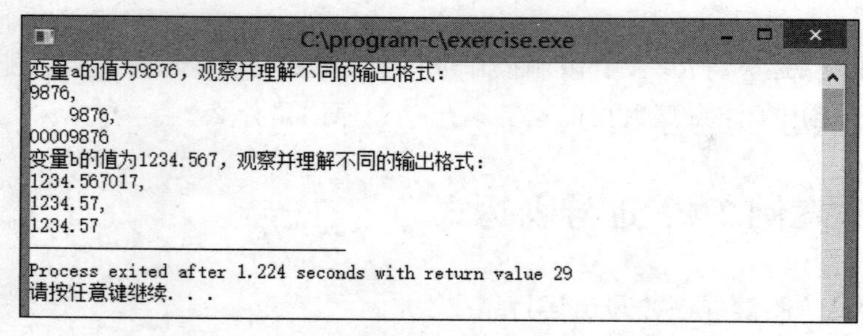

图 2-7 实验案例 2-7 的程序运行结果

【运行结果分析】 整型数据的输出格式通过格式符%md 指定宽度，m 小于实际宽度时不起作用，m 大于实际宽度时左边补空格。

用格式符 %f 输出浮点型数据时，输出结果保留 6 位小数（不足 6 位补 0，超过 6 位末位四舍五入）。本例中，因为变量 b 定义为 float 类型，有效数字只有 7 位，因此采用%f 输出时，虽然输出了小数点后 6 位，但是只有前 3 位是有效位。

用格式符 %m.nf、%.nf 输出浮点型数据时，m（包括小数点）为总宽度，n 为小数点后面的位数（当 n 大于输出数据的有效小数位时，超出部分的输出结果是不可信的）。

当 m 大于实际宽度时，左边补空格至 m 位；当 m 小于实际宽度时，以最小宽度输出 n 位小数、小数点和整数部分以及符号。与之等效的格式符为 %.nf。

实践中，建议尽量使用%.nf 格式符进行输出。

2.2.8 实验案例 2-8：摄氏温度转换成华氏温度

【实验内容】 摄氏温度(c)和华氏温度(f)的转换公式为 f=c×9/5+32。从键盘输入摄氏温度，将其转换成对应的华氏温度，要求结果保留两位小数。例如，输入 37，输出 98.60。

```
#include <stdio.h>
main()
{
  int c;
  float f;
  printf("请输入摄氏温度:");
  scanf("%d",&c);              //输入的摄氏温度是整型数据
  f=c*9.0/5+32;                //也可以写成 f=c*9/5.0+32;
  printf("对应的华氏温度是%.2f",f);
}
```

【程序分析】 华氏温度要求保留两位小数，说明转换结果应该是浮点型。实验没有规定输入类型，因此转换公式应该写为 f=c*9.0/5+32 或 f=c*9/5.0+32，只有这样才能确保计算结果是浮点型。使用格式符%.2f 控制输出结果只保留两位小数。

【思考题】 如果规定输入的摄氏温度是浮点型数据，那么转换公式是否可以写成 f=c*9/5+32？为什么？

2.3 实践项目

2.3.1 实践项目 2-1：格式化数据的输入

【实验内容】 阅读程序并回答问题。

```
#include <stdio.h>
main( )
{
```

```
    float m;
    scanf("%5f",&m);
    printf("%f",m);
  }
```

【问题】 如果用户从键盘输入 12.3456,输出结果是什么?

【程序分析】 源代码中的输入语句表示从键盘输入的浮点型数据的宽度是 5(含小数点),因此,当用户输入 12.3456 时,将 12.34 赋值给变量 m。因此,输出结果是 12.340000(以%f输出时,整数部分全部输出,小数点后面输出 6 位,其中有效数字是 12.34000,最后一位 0 不可信)。

【思考题】 当执行 scanf("%c%c%c",&c1,&c2,&c3)语句进行输入时,字符和字符之间可以用空格、换行、Tab 符分开吗? 为什么?

2.3.2 实践项目 2-2:多格式组合的 scanf 函数

【实验内容】 阅读程序并回答问题。

```
#include <stdio.h>
main( )
{
  int i1; char c1; float f1; double d1;
  scanf("%d%c%f%lf",&i1,&c1,&f1,&d1);
  printf("%d,%c,%f,%f",i1,c1,f1,d1);
}
```

【问题】 当用户输入 52#9.17 3.1415926 时,输出结果是什么?

2.3.3 实践项目 2-3:逻辑运算符

【实验内容】 写出程序的运行结果。

```
#include <stdio.h>
main()
{
  int x=1,y=2,z=3;
  ++x&&++y||++z;
  printf("%d\t%d\t%d\n",x,y,z);
  x=1,y=2,z=3;
  --x&&++y&&++z;
  printf("%d\t%d\t%d\n",x,y,z);
}
```

【程序分析】 编译器在计算逻辑表达式时遵循的规则:如果逻辑与的第一个运算对象为假,则编译系统不再计算或判断第二个运算对象;如果逻辑或的第一个运算对象为真，则编译系统不再计算或判断第二个运算对象。

2.3.4 实践项目 2-4：强制类型转换

【实验内容】 从键盘输入 3 个实数，求平均值。要求将平均值取整输出。

【编程分析】 实数之和是 float 类型，而实验要求将平均值做取整处理，因此需要进行强制类型转换。

2.3.5 实践项目 2-5：求整数的平均值

【实验内容】 输入两个整数，输出其平均值且精确到小数点后两位。

【编程分析】 程序设计的要点如下。

(1) 两个整数的平均值可能是整数，也可能是实数，因此平均值变量要定义为 float 类型。

(2) 为保证平均值是 float 类型，在进行除法运算时，必须保证除数是浮点型数据。

(3) 精确到小数点后两位可以采用%.2f 控制输出格式。

2.3.6 实践项目 2-6：求圆面积

【实验内容】 从键盘输入一个数，输出以该数为半径的圆的面积。其中，π 的值根据实际应用要求取不同的精确度。

【编程分析】 初学者易犯的错误是将计算面积的表达式直接写成 π×r×r。注意，π 并不是 C 语言编译系统定义的符号常量。因此，编程人员必须自定义变量来表示 π。又因为 π 的值在不同的应用场景中，可能采用不同的精度，为提高程序的可扩展性，应将 π 的值定义成符号常量。

2.3.7 实践项目 2-7：运算符优先级及关系表达式

【实验内容】 阅读程序并写出运行结果。

```
#include <stdio.h>
main()
{
  int x=12,y=36,z=36,w=48;
  x=y==z;
  printf("%d  %d  %d\n",x,y,z);
  x=y>w;
  printf("%d  %d  %d\n",x,y,w);
  x=x==(y=z);
```

```
    printf("%d   %d   %d\n",x,y,z);
}
```

【程序分析】 代码段中涉及的知识点如下。

(1) 关系运算符的优先级高于赋值运算符。

(2) 关系运算的结果只有 0 或者 1：成立时为 1，不成立时为 0。

2.3.8 实践项目 2-8：求某数的各位数字之和

【实验内容】 从键盘输入一个 3 位数，输出其各位数字之和。例如：输入 123，输出 1+2+3=6。

【编程分析】 通过除运算和取余运算可以求得各位数字之和。

2.3.9 实践项目 2-9：时间格式的转换

【实验内容】 从键盘输入一个表示分钟的正整数，将其转换成“小时:分钟”的格式输出。要求：当小时数或分钟数小于 10 时，在数据前面自动补 0 再输出。

例如：输入：90

输出：01:30

【编程分析】 利用除和取余运算可以计算出对应的小时数和分钟数。当小时数或分钟数小于 10 时，数字前面需要自动补 0，因此需要使用格式控制符%02d。

2.4 实践项目程序运行结果（或参考源代码）

1. 实践项目 2-1 程序运行结果

程序运行结果如图 2-8 所示。

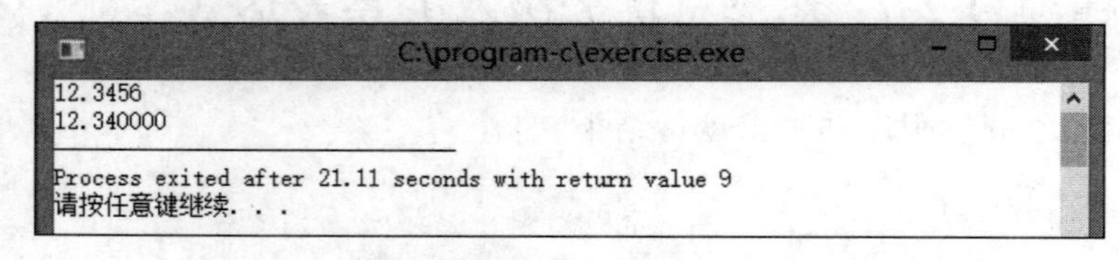

图 2-8 实践项目 2-1 程序运行结果

2. 实践项目 2-2 程序运行结果

程序运行结果如图 2-9 所示。

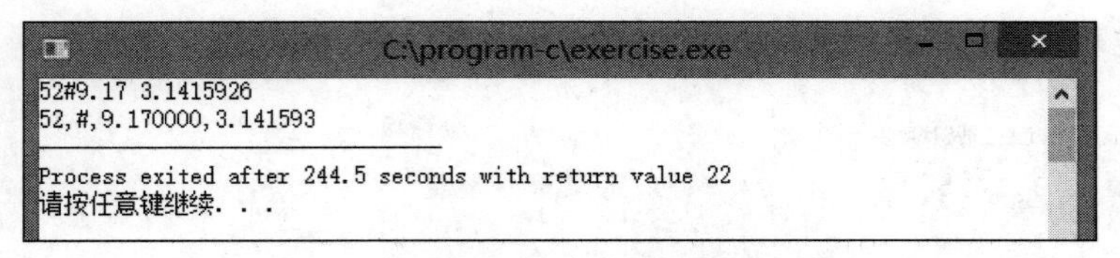

图 2-9　实践项目 2-2 程序运行结果

3. 实践项目 2-3 程序运行结果

程序运行结果如图 2-10 所示。

```
C:\program-c\exercise.exe
2       3       3
0       2       3

Process exited after 0.7698 seconds with return value 6
请按任意键继续. . .
```

图 2-10　实践项目 2-3 程序运行结果

4. 实践项目 2-4 参考源代码

```
#include <stdio.h>
main()
{
  float x,y,z,avg;
  printf("请输入 3 个实数:");
  scanf("%f%f%f",&x,&y,&z);
  avg=(x+y+z)/3;
  printf("(%f+%f+%f)/3=%d\n",x,y,z,(int)avg);
}
```

5. 实践项目 2-5 参考源代码

```
#include <stdio.h>
main()
{
  int x,y;
  float  avg;
  printf("请输入两个整数:");
  scanf("%d%d",&x,&y);
  avg=(x+y)/2.0;
  printf("(%d+%d)/2=%.2f\n",x,y,avg);
}
```

6. 实践项目 2-6 参考源代码

```
#include <stdio.h>
#define PI 3.1415                    //定义符号常量
main()
{
  float r,s;
  printf("请输入半径的值:");
  scanf("%f",&r);
  r=r>0? r:-r;                      //半径是一个正数
  s=PI * r * r;
  printf("对应的圆面积是:s=%f",s);
}
```

7. 实践项目 2-7 程序运行结果

```
1   36   36
0   36   48
0   36   36
```

8. 实践项目 2-8 参考源代码

```
#include <stdio.h>
main()
{
  int x,a,b,c;
  printf("请输入一个 3 位数:");
  scanf("%d",&x);
  a=x/100;
  b=x/10%10;
  c=x%10;
  printf("%d 的各位数字之和是:%d",x,a+b+c);
}
```

9. 实践项目 2-9 参考源代码

```
#include <stdio.h>
main()
{
  int i,j,k;
  printf("请输入分钟数:");
  scanf("%d",&i);
  printf("%02d:%02d",i/60,i%60);
}
```

2.5 本章常见错误小结

1. 漏写取地址符 &

例如：

```
scanf("%f",i);                    //正确写法:scanf("%d",&i);
```

2. 数据的定义类型与输入格式规定的类型不一致

例如：

```
int i;
scanf("%f",&i);                   //正确写法:scanf("%d",&i);
```

3. 使用%f 输入 double 类型数据

例如：

```
double  m;
scanf("%f",&m);                   //正确写法:scanf("%lf",&m);
```

4. 输入数据的分隔符与 scanf 规定的分隔符不一致

例如：

```
int  m,n,k;
scanf("%d#%d#%d",&m,&n,&k);
//输入数据之间必须用#分隔,而不能使用默认分隔符进行分隔
```

5. 输入连续的字符数据时,使用空格键、\t、\n 作为分隔符

例如：

```
char  c1,c2;
scanf("%c%c",&c1,&c2);
//从键盘输入的字符之间不能使用默认分隔符,应该连续输入两个字符
```

6. 依次输入数值型数据和字符型数据时,采用默认分隔符

例如：

```
int  m;  char ch;
scanf("%d%c",&m,&ch);
//从键盘输入的数值型数据和字符型数据之间不能使用默认分隔符
```

【提示】 为提高程序的用户友好性，建议在输入数据前，提示用户采用正确的分隔符。

例如：

```
int  m,n;  char ch;
printf("请输入数据,数据之间以逗号进行分隔:");
scanf("%d,%c,%d",&m,&ch,&n);
```

7. 语句结束忘记写分号

例如：

```
printf("hello c")                    //正确写法:printf("hello c");
```

8. 混淆赋值运算符等于(=)和关系运算符等于(==)

9. 使用浮点型数据进行取余运算

例如：

```
float  i,j;
j=i%3;                               //i 定义为 float 类型,该语句编译时会出现错误
```

10. 对被除数及除数的数据类型不敏感

例如：

1/4 的结果是 0，而 1.0/4 的结果是 0.25。

11. 变量名前误加取地址符 &

例如：

```
int  m,n;
printf("%d,%d ",&m,&n);              //正确写法:printf("%d,%d ",m, n);
```

12. 将双引号写成单引号

例如：

```
printf('hello world');               //正确写法:printf("hello world");
```

13. 输出格式和变量定义类型不一致

例如：

```
int  m;
printf("%f",m);                      //正确写法:printf("%d",m);
```

第3章

选择结构

程序的基本结构有3种，分别是顺序结构、选择结构和循环结构。计算机执行顺序结构的程序时是按照语句的书写顺序依次执行的。但在很多情况下，往往需要根据给定的条件来选择所要执行的语句，这就是选择结构。选择结构也称为分支结构，C语言中用于选择结构的语句是if语句和switch语句。

3.1 知识梳理

3.1.1 if语句

1. if语句的执行流程

if语句的执行流程如图3-1所示。计算机根据表达式的结果（“真”或“假”）来选择执行相应的语句。其中，表达式可以是算术表达式、关系表达式、逻辑表达式、条件表达式以及逗号表达式。当表达式的结果为“真”时，执行语句1，否则执行语句2。

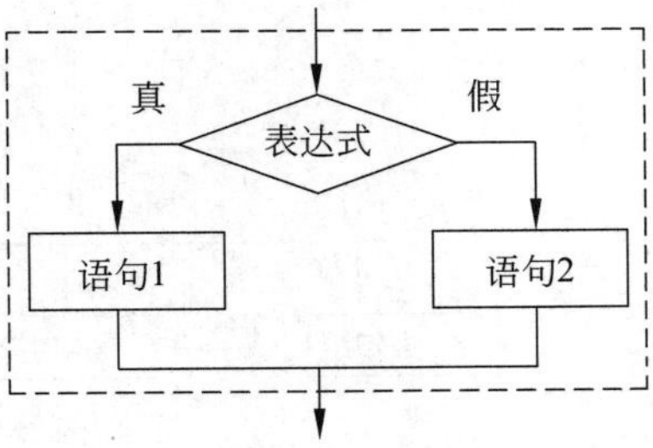

真
表达式
假
语句1
语句2

图3-1 if语句的执行流程图

2. if语句的基本格式

if语句的基本格式是

```
if(表达式)
    语句 1
else
    语句 2
```

【说明】

(1) 基本格式中的“else 语句2”可缺省。

当语句2缺省时，if语句简化为

```
if(表达式) 语句 1;
```

含义：当表达式的结果为“真”时，执行语句1，否则执行if语句的下一条语句。

(2) 语句 1 和语句 2 可以是一条复合语句。用一对花括号可以将若干语句组织成一条复合语句,复合语句被当作一条语句对待。

(3) 语句 1 和语句 2 可以是一个 if 结构,此时称为 if 语句的嵌套。if 语句嵌套可以实现多选一的功能。if 嵌套的一般格式是

```
if(表达式 1) 语句 1
else if(表达式 2) 语句 2
⋮
else if(表达式 n-1) 语句 n-1
else  语句 n;
```

含义:当表达式 1 的结果为“真”时,执行语句 1;否则,计算表达式 2,当表达式 2 的结果为“真”时,执行语句 2,以此类推。当表达式 1,表达式 2,……,表达式 n−1 的结果均为“假”时,执行语句 n。if 嵌套语句会出现多个 if,多个 else 的情况,而且有时候 else 还会省略不写,因此编程时特别要注意 if 和 else 的配对问题。C 语言的编译规则是 else 与最靠近它的且没有与别的 else 匹配过的 if 相匹配。

if 嵌套语句能实现多选一的功能。但是,嵌套层次太多,会导致程序的可读性变差。因此,良好的编程风格非常重要。例如,采用递缩格式,即每个内层结构首句,其书写位置向右缩进若干字符。

3.1.2 switch 语句

1. switch 语句的执行流程

switch 语句可以处理多分支选择问题。switch 语句的执行流程如图 3-2 所示。

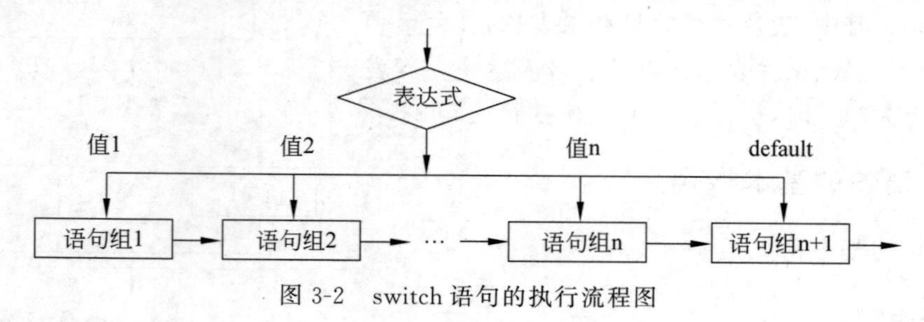

图 3-2 switch 语句的执行流程图

其中,表达式的值只能是整型或字符型。计算机执行 switch 语句时,第一步是计算表达式的值。当表达式的值等于值 1 时,执行语句组 1,语句组 2,…,语句组 n+1;当表达式的值不是值 1 到值 n 中的任何一个时,执行语句组 n+1,即不管表达式的值是什么,语句组 n+1 总是会执行的。

2. switch 语句的基本格式

switch 语句的基本格式是

```
switch(表达式)
      { case 值 1: 语句组 1
        case 值 2: 语句组 2
              ⋮
        case 值 i: 语句组 i
              ⋮
        case 值 n: 语句组 n
        default: 语句组 n+1
      }
```

若表达式的值与某个 case 后面的常量"值 i"相等,则从"语句组 i"开始顺序执行,直到语句组 n+1;若表达式的值不属于值 1～值 n 中的任何一个,则执行语句组 n+1;如果表达式的值不属于值 1～值 n,而且没有 default 语句,则 switch 语句不起任何作用,直接执行 switch 的下一条语句。

【说明】

(1) 表达式的计算结果必须为整型或字符型,值 1～值 n 是常量表达式,必须是整型或字符型常量。

(2) switch 语句中的"表达式"值,并非决定执行哪一个语句组,而是决定选择哪一个语句组作为"入口"去执行。

(3) switch 语句中可以没有 default。

(4) switch 语句中最多只能有一个 default。

(5) 如果"语句组 i"中的语句是"break;",则跳转出 switch 语句;若语句组中不存在"break;"语句,执行"语句组 i"后还要顺序执行其后的语句组。

如果要实现类似于 if 嵌套的多选一功能,可以在 switch 语句中增加语句"break;"。相对于 if 嵌套,用 switch 语句实现多选一的程序结构更简洁、清晰。

3.2 实验案例

3.2.1 实验案例 3-1:求绝对值

【实验内容】 从键盘输入一个数,输出其绝对值。

【编程分析】 这是一个典型的选择结构。当输入一个负数时,则输出它的相反数;当输入一个正数时,直接输出它自身即可。可以通过判断关系表达式 x<0 的值来决定是否要输出其相反数。

【参考源代码】

```
#include <stdio.h>
main()
{
  float x;
```

```
    scanf("%f",&x);
    if(x<0) x=-x;
    printf("绝对值是%.2f",x);
}
```

【思考题】 可以使用关系表达式 x>0 吗？为什么？

3.2.2 实验案例 3-2：奇偶判定

【实验内容】 从键盘输入一个整数，判断其是奇数还是偶数。如果是奇数，输出："这是一个奇数"；如果是偶数，输出："这是一个偶数"。

【编程分析】 这是一个基本的选择结构。判断数字 i 的奇偶性，可以计算 i%2 的值。当 i%2=1 时，i 是奇数；当 i%2=0 时，i 是偶数。在 if 语句中，采用关系表达式 if(i%2==0)或者 if(i%2==1)均可。另外，还可以采用逻辑表达式 i%2，当 i%2=1 时，逻辑表达式 i%2 的值为真，否则为假。实际上，关系表达式是逻辑表达式的一种特殊形式。读者在学习的过程中要灵活使用，就本案例而言，采用逻辑表达式更为简洁。

除此之外，还可以使用条件表达式。条件表达式的一般格式为

```
逻辑表达式?表达式 1:表达式 2
```

当逻辑表达式的值非零时，则以表达式 1 的值作为条件表达式的值；否则，以表达式 2 的值作为条件表达式的值，可以写作：

```
i%2? printf("%d是一个奇数",i):printf("%d是一个偶数",i);
```

下面给出采用关系表达式、逻辑表达式、条件表达式这 3 种不同表达式的源代码。

【参考源代码 1】

```
#include <stdio.h>
main()
{
  int i;
  printf("请输入一个正整数:");
  scanf("%d",&i);
  if(i%2==0)                                    //第 6 行,采用关系表达式
    printf("%d是一个偶数.",i);
  else
    printf("%d是一个奇数.",i);
}
```

易错点：初学者容易混淆赋值运算符(=)和关系运算符(==)。第 6 行中的表达式 i%2==0 容易误写成 i%2=0。

【参考源代码 2】

```
#include <stdio.h>
```

```
main( )
{
  int i;
  printf("请输入一个正整数:");
  scanf("%d",&i);
  if(i%2)                                              //采用逻辑表达式
    printf("%d是一个奇数.",i);
  else
    printf("%d是一个偶数.",i);
}
```

易错点：当 i%2=1 时，逻辑表达式 i%2 的值为"真"，表示 i 是一个奇数。

【参考源代码 3】

```
#include <stdio.h>
main()
{
  int i;
  printf("请输入一个正整数:");
  scanf("%d",&i);
  i%2? printf("%d是一个奇数",i):printf("%d是一个偶数",i);      //采用条件表达式
}
```

3.2.3 实验案例 3-3：求 3 个数中的最大数

【实验内容】 从键盘输入 3 个整数，输出其中最大的数。

【编程分析】 假设 3 个数分别是 a、b、c，求 3 个数中最大的数，必须要先进行两两比较，然后再与第三个数进行比较。

先比较 a 和 b 的大小，如果 a>b，则 a 与 c 比较，如果 a>c，则最大数是 a。如果 a<c，则最大数是 c。

如果 a<b，则 b 与 c 比较，如果 b>c，则最大数是 b。如果 b<c，则最大数是 c。

这是一个典型的 if 嵌套问题。if 嵌套语句容易出现 if 和 else 不配对或者配错对的情况，书写时特别要注意格式。良好的书写格式可清楚地表示出语句之间的层次关系，方便他人阅读和理解程序的嵌套结构。当然，规范的书写格式同时也会提高编程人员的调试效率。建议读者采用递缩格式，即每个内层结构首句，其书写位置向右缩进若干字符。另外，多层 if 语句嵌套时，由后向前使每一个 else 与前面与之相距最近的 if 匹配。

【参考源代码】

```
#include <stdio.h>
main()
{
  int  a,b,c;
```

```
    printf("请输入 3 个整数:");
    scanf("%d%d%d",&a,&b,&c);
    if(a<b)
      if(b<c)                                            //向右缩进两个字符
         printf("max=%d\n",c);                           //向右缩进四个字符
      else                                               //向右缩进两个字符
         printf("max=%d\n",b);                           //向右缩进四个字符
    else                                                 //与第一个 if 左对齐
      if(a<c)                                            //向右缩进两个字符
         printf("max=%d\n",c);                           //向右缩进四个字符
      else                                               //向右缩进两个字符
         printf("max=%d\n",a);                           //向右缩进四个字符
}
```

3.2.4　实验案例 3-4：公路客车超载判定

【实验内容】《中华人民共和国道路交通安全法》规定：公路客运车辆载客超过额定乘员的，处二百元以上五百元以下罚款；超过额定乘员百分之二十或者违反规定载货的，处五百元以上二千元以下罚款。

输入实际乘客人数及额定乘员人数，输出相应的超载情况。如果没超载，输出："符合安全乘坐标准，继续保持！"；如果超载率未达到 20%，输出："您的车辆已超载，但尚未超过额定乘员的 20%，处 300 元罚款！"；如果超载率达到 20%及以上，输出："您的车辆已超载，且达到或超过额定乘员的 20%，处 1000 元罚款！"

【编程分析】 本实验要求输出超载和罚款情况。首先要明确超载的认定规则，然后才能根据规则设计相应的算法。共有 3 种情况：不超载、超载率未达到 20%、超载率达到 20%及以上。因此需要使用嵌套的 if 语句来实现。书写 if 嵌套语句时要注意格式规范。

【参考源代码】

```
#include <stdio.h>
main()
{
  int i,j;
  printf("请输入实际乘客人数以及额定乘客人数:");
  scanf("%d%d",&i,&j);
  if(i<=j)
      printf("符合安全乘坐标准,继续保持!\n");
  else
      if(i<j*1.2)
          printf("您的车辆已超载,但尚未超过额定乘员的 20%,处 300 元罚款!\n");
      else
          printf("您的车辆已超载,且达到或超过额定乘员的 20%,处 1000 元罚款!\n");
}
```

3.2.5 实验案例3-5：判断整数的范围

【实验内容】 从键盘输入一个30以内的整数，判断它是10以内，还是10～20，或是20～30。

【编程分析】 从键盘输入的数据可能是10以内、10～20或者20～30，多于两种情况时采用if嵌套结构来实现多选一。其中，采用逻辑表达式判断数据的范围。if语句为

```
if(i>=10&&i<20);
```

当逻辑表达式i>=10&&i<20为真时，i为10～20的数。

另外，也可以使用switch语句实现多分支选择，其功能类似于if嵌套语句。分析题意，可以将i/10作为switch中的表达式，当i/10=0时，i是10以内的数；当i/10=1时，i是10～20的数；当i/10=2时，i是20～30的数。因此，根据i/10的值确定case中的常量表达式的值分别是0、1、2，共3类，即3个分支。

程序运行时，通过比较switch之后的表达式与哪个case中的常量表达式相等来决定执行语句的入口。初学者容易犯的两个错误如下。

(1) 将case中的常量表达式写成逻辑表达式。

(2) 忘记写“break;”语句。

当if嵌套分支太多，而且switch之后的表达式的类型是int型或char型时，采用switch语句实现多分支选择的程序结构会更简洁，程序可读性也会大大提高。

【参考源代码1】 采用if嵌套语句。

```
#include <stdio.h>
main()
{
  int i;
  printf("请输入一个30以内的正整数:");
  scanf("%d",&i);
  if(i>=1&&i<10);
     printf("%d是10以内的数。\n",i);
  else if(i>10&&i<20)
         printf("%d是10到20之间的数。\n",i);
  else if(i>20&&i<30)
         printf("%d是20到30之间的数。\n",i);
}
```

【参考源代码2】 采用switch语句。

```
#include <stdio.h>
main()
{
  int i;
```

```
    printf("请输入一个 30 以内的正整数:");
    scanf("%d",&i);
    switch(i/10)
    {
      case 0:  printf("%d是 10 以内的数。\n",i);break;
      case 1:  printf("%d是 10 到 20 之间的数。\n",i);break;
      case 2:  printf("%d是 20 到 30 之间的数。\n",i);break;
    }
}
```

3.2.6 实验案例 3-6：百分制成绩转换成五分制

【实验内容】 某高校教务管理系统具有将百分制成绩自动转换为五分制成绩的功能。转换规则如表 3-1 所示。

表 3-1 百分制和五分制成绩的转换规则

百分制成绩	五分制成绩
score≥90	优秀
80≤score<90	良好
70≤score<80	中等
60≤score<70	及格
score<60	不及格

输入数据：百分制成绩(整数)

输出数据：五分制成绩

【编程分析】 int 类型变量 grade 保存从键盘输入的成绩，根据转换规则，表达式写为 grade/10，其计算结果是 0～10 的整数，每个值正好对应一个分数段，根据不同值即可进行相应分支的处理。因为 grade/10 等于 0，1，2，3，4，5 时，对应的五分制成绩是不及格，采用 default 分支即可包括这 5 类情况。请注意在 switch 语句中正确使用 break 语句。另外，各个 case 常量表达式的顺序并没有先后之分。

【参考源代码】

```
#include <stdio.h>
main()
{
  int i;
  printf("请输入成绩:");
  scanf("%d",&i);
  switch(i/10)                                        //第 7 行
  {
```

```
    case 10:
    case 9:  printf("优秀");break;
    case 8:  printf("良好");break;
    case 7:  printf("中等");break;
    case 6:  printf("及格");break;
    default: printf("不及格");break;
  }                                                   //第 14 行
}
```

其中,第 7~14 行的代码也可以修改为

```
switch(i/10)
{
  case 6:  printf("及格");break;
  case 7:  printf("中等");break;
  case 8:  printf("良好");break;
  case 9:  printf("优秀");break;
  case 10:  printf("优秀");break;
  default: printf("不及格");break;
}
```

3.2.7 实验案例 3-7：float 类型的成绩转换——取整法

【实验内容】 阅读程序并回答问题。

```
#include <stdio.h>
main()
{
  float i;
  printf("请输入成绩:");
  scanf("%f",&i);
  switch((int)i/10)                          //将 float 类型强制转换成 int 类型
  {
    case 10:
    case 9:  printf("优秀");break;
    case 8:  printf("良好");break;
    case 7:  printf("中等");break;
    case 6:  printf("及格");break;
    default: printf("不及格");break;
  }
}
```

【问题】 89.7 分对应的五分制成绩是什么？89.3 分对应的五分制成绩是什么？思考之后运行程序,验证你的想法是否正确,然后看下面的分析。

【程序分析】 因为 switch 语句中表达式的计算结果必须为整型或字符型。因此,需

要使用强制类型转换，将从键盘输入的成绩(float 类型)转换为 int 型。强制转换函数 int(x)的返回值是 x 的整数部分，因此 89.7 和 89.3 的整数部分都是 89，成绩等级是良好。

3.2.8 实验案例 3-8：float 类型的成绩转换——四舍五入法

【实验内容】 实验内容同实验案例 3-6。不同的是：程序支持用户输入实数型成绩。

输入数据：百分制成绩(实数)

输出数据：五分制成绩

其中，实数成绩按照四舍五入处理。例如：79.5 分对应的五分制成绩是良好，79.1 分对应的五分制成绩是中等。

【编程分析】 switch 之后的表达式必须是整型或字符型。将输入的成绩 grade 加 0.5 之后再取整，即可实现四舍五入。

语句 j=(int)(grade+0.5)；可以将实数按照四舍五入规则转换成整数，然后再使用表达式 j/10 判断成绩的区间。

【参考源代码】

```
#include <stdio.h>
main()
{
  float i;
  int j;
  printf("请输入成绩:");
  scanf("%f",&i);
  j=(int)(i+0.5);                                    //将实数按照四舍五入规则转换成整数
  switch(j/10)
  {
    case 10:
    case 9:  printf("优秀");break;
    case 8:  printf("良好");break;
    case 7:  printf("中等");break;
    case 6:  printf("及格");break;
    default: printf("不及格");break;
  }
}
```

3.3 实 践 项 目

3.3.1 实践项目 3-1：判断是否同时能被 2 和 3 整除

【实验内容】 从键盘输入一个自然数，如果既能被 2 整除又能被 3 整除，输出

"yes!"。

【程序分析】 i既能被2整除又能被3整除需要使用逻辑运算 && 来构造逻辑表达式：i%2==0&&i%3==0。当不满足条件时，不需要输出任何信息，即else是可以省略的。

3.3.2 实践项目3-2：应用条件表达式求最小数

【实验内容】 从键盘输入3个整数，输出其中的最小数。要求使用条件表达式。

【编程分析】 求3个数中的最小值，可以先两两比较，较小的数再和第三个数进行比较，从而得到最小的数。其中，求两数中较小的数可采用条件表达式。

条件表达式的一般格式是：

```
逻辑表达式?表达式1:表达式2
```

当逻辑表达式的值为真，则以表达式1的值作为条件表达式的值；否则以表达式2的值作为条件表达式的值。例如，求a,b之间的较小值的条件表达式是：a<b? a: b，当a<b时，表达式的值是a；当a≥b时，表达式的值是b，即表达式的值为二者中的较小值。条件表达式可以嵌套使用，例如：

```
min=((a<b?a:b)<c?(a<b?a:b):c);
```

等价于

```
temp=(a<b?a:b);
min=(temp<c?temp:c);
```

嵌套的条件表达式虽然可以明显减少代码量，但是可读性比较差。因此不建议读者采用嵌套的条件表达式。

简单的条件表达式可以提高程序的可阅读性，程序结构也更为简洁。什么时候应该使用if嵌套语句，什么时候应该使用条件表达式，并没有标准答案。需要读者在编程中斟酌。

3.3.3 实践项目3-3：判断BMI情况

【实验内容】 体重是反映和衡量一个人健康状况的重要指标之一。过胖和过瘦都不利于健康。大量统计资料表明，反映正常体重比较理想和简单的指标可以用体质指数(BMI)来表示。BMI计算公式为：体质指数(BMI)=体重(kg)÷身高^2(m)。中国成人BMI参考标准如表3-2所示。

表3-2 BMI参考标准

参考标准	BMI分类
BMI<18.5	体重过轻
18.5≤BMI<24	正常范围
BMI≥24	超重

输入数据：体重、身高

输出数据：BMI及相应的提示语："体重偏轻！""标准体重！""超重了！"

【编程分析】 根据表 3-2 中 BMI 的两个节点 18.5 及 24 将 BMI 值分成 3 个区间。需要采用 if 嵌套结构。身高的平方可以调用数学函数 pow 进行计算。

输入变量定义：身高、体重、BMI 均应定义为实数型。BMI 的输出值精确到小数点后两位，采用格式%.2f。

3.3.4 实践项目 3-4：输出对应的提示信息

【实验内容】 当从键盘输入 y 或者 Y 时，输出："yes!"；当从键盘输入 n 或者 N 时，输出："no!"。

【编程分析】 这是一个典型的双分支结构，可以使用 if 语句或 switch 结构。由于 switch 语句中表达式的计算结果必须为整型或字符型，本案例中表达式的计算结果是字符型，因此可以采用 switch 语句。程序忽略 y 和 Y 的大小写，统一输出"yes!"。

3.3.5 实践项目 3-5：百分制成绩转换成等级制成绩

【实验内容】 教师输入百分制成绩，系统自动转换为等级制成绩并输出。转换规则如表 3-3 所示。

表 3-3 百分制成绩和等级制成绩转换规则

百分制成绩	等级制成绩
85≤score≤100	A
75≤score<84	B
65≤score<74	C
score<65	D

【编程分析】 根据表达式(i+5)/10 的值来判断成绩的等级。

3.3.6 实践项目 3-6：三天打鱼两天晒网

【实验内容】 《红楼梦》第九回写道："因此也假说来上学，不过三日打鱼，两日晒网。"如果某人从某天起，开始"三天打鱼两天晒网"，问他在以后的第 n 天是"打鱼"还是"晒网"。

输入数据：n(天数 n 是大于 0 的整数)。

输出数据：第 n 天是打鱼还是晒网。

例如，输入 28，输出"打鱼"。

【编程分析】 每 3 天打鱼，每 2 天晒网，5 天为一个周期。用天数 n 除以 5 的余数即可以确定是打鱼还是晒网。

3.3.7 实践项目 3-7：简易计算器

【实验内容】 设计一个简易的计算器程序，进行两个实数的＋、－、＊、/运算。

输入数据：实数 1 运算符 实数 2。

输出数据：计算结果。

例如，输入 2＋3，输出 5。

【编程分析】 参与运算的两个数是 float 类型，运算符是 char 类型。switch 语句写作 switch(ch)，其中 ch 是从键盘输入的运算符，case 之后的常量表达式分别是＋、－、＊、\，其中做除运算之前，要先判断除数是否为零。除数为零或者运算符不是＋、－、＊、\时程序终止运行。

3.4 实践项目参考源代码

1. 实践项目 3-1 参考源代码

```
#include <stdio.h>
main()
{
  int i;
  printf("请输入一个自然数:");
  scanf("%d",&i);
  if(i%2==0&&i%3==0)
    printf("yes!");
}
```

2. 实践项目 3-2 参考源代码

```
#include <stdio.h>
main()
{
  int  a,b,c,min,temp;
  printf("请输入三个整数:");
  scanf("%d%d%d",&a,&b,&c);
  temp=(a<b?a:b);                           //使用条件表达式求较小值
  min=(temp<c?temp:c);                      //使用条件表达式求最小值
  printf("min=%d\n",min);
}
```

3. 实践项目 3-3 参考源代码

```
#include <stdio.h>
```

```
#include <math.h>
main()
{
  float i,j,bmi;
  printf("请输入您的体重(单位:kg)以及身高(单位:m):");
  scanf("%f%f",&i,&j);
  bmi=i/pow(j,2);
  printf("BMI=%.2f   ",bmi);
  if(bmi<18.5)
    printf("体重偏轻!\n");
  else
    if(bmi>=18.5&&bmi<24)
      printf("标准体重!\n");
    else
      printf("超重了!\n");
}
```

4. 实践项目 3-4 参考源代码

```
#include <stdio.h>
main()
{
  char ch;
  printf("请输入 y/n/Y/N之中的任何一个字符:");
  scanf("%c",&ch);
  switch(ch)
  {
    case 'y':
    case 'Y':  printf("yes!");break;
    case 'n':
    case 'N':  printf("no!");break;
  }
}
```

5. 实践项目 3-5 参考源代码

```
#include <stdio.h>
main()
{
  int i;
  char ch;
  printf("请输入成绩:");
  scanf("%d",&i);
  switch((i+5)/10)
```

```
  {
    case 7:  ch='C';break;
    case 8:  ch='B';break;
    case 9:
    case 10: ch='A';break;
    default: ch='D';break;
  }
  printf("成绩等级:%c",ch);
}
```

6. 实践项目 3-6 参考源代码

```
#include <stdio.h>
main()
{
  int i;
  scanf("%d",&i);
  if(i%5==4||i%5==0)
    printf("晒网!");
  else
    printf("打鱼!");
}
```

7. 实践项目 3-7 参考源代码

```
#include <stdlib.h>
#include <stdio.h>
main()
{
  float i,j,d;
  char ch;
  scanf("%f%c%f",&i,&ch,&j);                          //输入计算式
  switch(ch)
  {
    case '+': d=i+j; break;
    case '-': d=i-j; break;
    case '*': d=i*j; break;
    case '/': if(j!=0) { d=i/j; break; }
    default: printf("除数为零或者输入了非法的操作符!");
             exit(0);                                  //终止程序执行
  }
  printf("%.2f\n",d);
}
```

3.5　本章常见错误小结

1. 在 if(表达式)后面加分号

例如：

```
int i=4,j=6;
if(i<j);                              //多写了分号。正确写法:if(i<j)
  printf("%d",i);
```

2. if 语句中漏写分号

例如：

```
int i=4,j=6;
if(i<j)  printf("%d",i)               //漏写了分号。正确写法:if(i<j)  printf("%d",i);
else  printf("%d",j);
```

3. 复合语句忘记用花括号括起来

例如：

```
int i=4,j=6,temp;
if(i<j)
  i=j;                                //第 3 行
  printf("%d",i);                     //第 4 行
```

其中,第 4 行语句总是会执行,与 i 和 j 的大小无关。
如果将第 3 行和第 4 行用花括号括起来,那么,第 4 行语句只有当 i<j 时才会输出。

4. switch 表达式的值类型使用浮点型

例如：

```
float  score;
scanf("%f",&score);
switch(score/10)                      //正确写法:switch((int)score/10)
{ ⋮
  ⋮ }
```

第4章

循环结构

4.1 知识梳理

循环结构是根据一定的条件，重复执行给定的一组操作，C语言使用for、while、do-while三种语句来实现循环。循环结构的两个构成要素是：循环条件和循环体。循环体指的是需要反复执行的操作，循环条件指的是这些操作在什么情况下需要反复执行。

4.1.1 for语句

1. for语句的基本格式

for语句的基本格式如下：

```
for(表达式 1;表达式 2;表达式 3)
    语句 s
```

2. for语句的执行流程

for语句的执行流程如图4-1所示。

首先计算"表达式1"，再判断"表达式2"，若"表达式2"的值为非零(真)时，执行语句s(循环体)，接着执行"表达式3"。执行完"表达式3"之后计算并判断"表达式2"的值，若"表达式2"的值为非零(真)时，继续循环。否则结束循环，执行for语句的下一条语句。

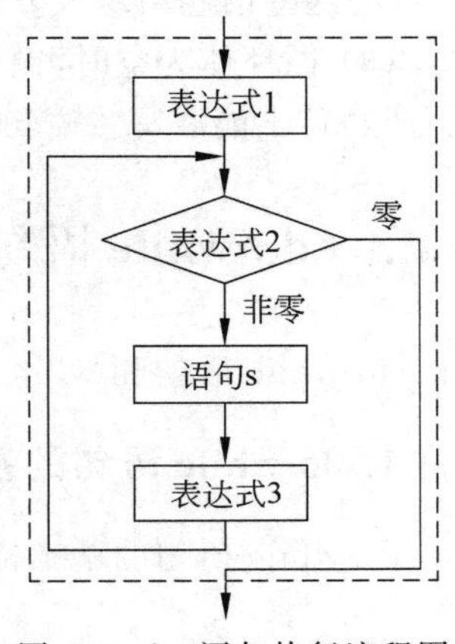

图4-1 for语句执行流程图

其中，"表达式1"一般用于为for语句中使用到的相关变量赋初值；"表达式2"是执行循环体的条件；"表达式3"用于每次循环后修改for语句中相关变量的值。

如果循环次数是明确的，通常使用for语句实现循环结构。

循环体中可以使用break语句和continue语句对循环加

以控制。其中，break 语句可以强制退出循环。一旦执行到 break 语句，整个循环将立即结束，转到循环结构后一条语句执行；一旦执行到 continue 语句，将立即跳过循环体中 continue 语句之后的其他语句（立即结束本轮循环），开始下一轮循环。break 语句和 continue 语句通常和 if 语句配合使用。

4.1.2 while 语句

while 语句和 for 语句一样，也用于循环结构。

1. while 语句的基本格式

while 语句的基本格式如下：

```
while(表达式)
{
循环体
}
```

2. while 语句的执行流程

while 语句的执行流程如图 4-2 所示。首先计算表达式的值，表达式的值为非零（真）时执行语句 s（循环体）；执行完循环体之后再次计算表达式的值，重复以上过程，直到表达式的值为零（假）时退出循环，执行 while 语句的下一条语句。其中，循环体中包含能改变循环条件真假性的操作。

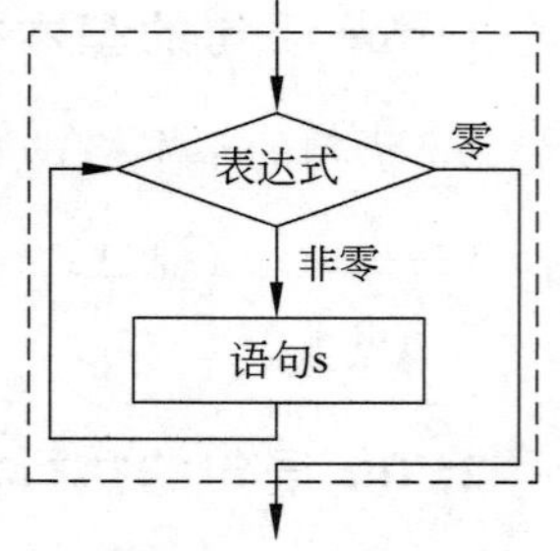

图 4-2 while 语句执行流程图

循环次数不明确时，通常采用 while 语句实现循环结构。

【说明】

(1) 表达式必须用圆括号“()”括起来。

(2) 循环体可以由若干语句组成，此时需要使用花括号“{ }”将这些语句组织成复合语句。

(3) 循环体为空时，循环结构简化为 while(表达式)；最后的分号“;”不能漏写。语句“while(表达式)；”表示做空循环。

4.1.3 do-while 语句

do-while 语句和 while 语句很类似，由循环体和表达式两部分组成。

1. do-while 语句的基本格式

do-while 语句的基本格式如下：

```
do
```

```
{
    循环体
} while(表达式);
```

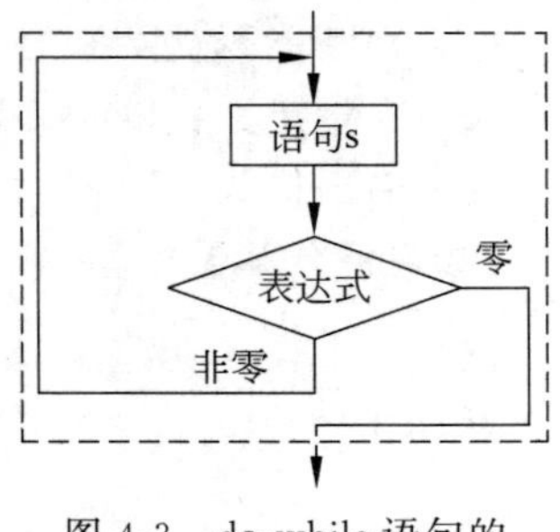

图 4-3　do-while 语句的执行流程图

2. do-while 语句的执行流程

do-while 语句的执行流程图如图 4-3 所示。首先执行循环体语句 s,然后再检查表达式的值,若表达式的值为真则继续循环,否则结束循环,执行 do-while 语句之后的下一条语句。

4.1.4　for 语句、while 语句、do-while 语句的比较

for、while、do-while 三种语句都可以用于循环结构的设计。在多数场合,三者可以互相转化。一般来说,当循环次数是明确的,通常选用 for 语句;当循环次数不明确时,通常选用 while 语句或 do-while 语句,其中,变量初始化的操作应放在 while 语句和 do-while 语句之前完成。

while 语句和 do-while 语句的不同之处是,do-while 语句是先执行循环体再判断循环条件,因此至少执行一次循环,而 while 循环是先判断循环条件再执行循环体,有可能执行 0 次循环。

4.1.5　循环结构程序的实现要点

循环结构指的是在一定条件下,需要反复执行某些操作。循环的实现一般包括 4 个部分:初始化、循环条件判断、重复的操作及改变循环控制变量的值。因此,需要根据编程要求抽象出如下 3 个要素。

(1) 循环体:需要反复执行的操作。

(2) 循环控制条件:这些操作在什么情况下重复执行。

(3) 哪些变量的值会影响到循环控制条件。

4.2　实 验 案 例

4.2.1　实验案例 4-1:求能够同时被 2 和 5 整除的整数的平均值

【实验内容】 输出 1～100 既能被 2 整除同时也能被 5 整除的整数,输出这些整数以及它们的和、平均值,其中平均值要求保留两位小数。

【编程分析】 这是一个典型的 for 语句循环结构。

程序实现要点如下。

（1）判断能否被 2 和 5 整除可以用逻辑表达式。

（2）变量定义：和定义为 int 类型，平均值定义为 float 类型。

（3）输出格式：%.2f。

【参考源代码】

```
#include <stdio.h>
main()
{
  int i,sum=0,j=0;
  float ave;
  for(i=1;i<=100;i++)
   {
     if(i%2==0&&i%5==0)
      {
        sum+=i;
        j++;
      }
   }
  ave=(float)sum/j;
  printf("\n这些整数的平均值是:%.2f", ave);
}
```

4.2.2 实验案例 4-2：水仙花数

【实验内容】 输出 100～1000 的水仙花数。如果某个 3 位数，其各位数字的立方和等于该数本身，则称其为水仙花数。例如，153 是一个水仙花数，因为 $153=1^3+5^3+3^3$。

【编程分析】 根据题意，循环的初始条件和结束条件是明确的，适合采用 for 语句实现循环。循环体的实现要点是：利用除运算及取余运算抽取出个位、十位、百位上的数字，最后调用函数 pow 进行立方运算。假设某个 3 位数是 a，则

```
j=a/100;                                    //j是百位上的数字
k=a/10%10;                                  //k是十位上的数字
m=a%10;                                     //m是个位上的数字
```

【参考源代码】

```
#include <stdio.h>
#include <math.h>
main()
{
    int i,j,k,m,n;
    printf("100~1000的水仙花数是:");
    for(i=100;i<1000;i++)
      {
```

```
        j=i/100;                                //j 是百位上的数字
        k=i/10%10;                              //k 是十位上的数字
        m=i%10;                                 //m 是个位上的数字
        n=pow(j,3)+pow(k,3)+pow(m,3);           //调用立方函数 pow
        if(i==n)
        printf("%d\t",i);
    }
}
```

4.2.3 实验案例 4-3：图形输出

【实验内容】 使用循环结构，输出 3 行 5 列 *，如下所示：

```
*****
*****
*****
```

【编程分析】 第 1 行，共有 5 个 *，1 个回车符\n。其中，输出 1 个 *，执行 1 次 printf(" * ")；输出 5 个 *，需要执行 5 次 printf(" * ")，即循环执行 5 次"printf(" * ");"，然后输出回车符\n。

共输出 3 行，因此，这是一个典型的循环嵌套问题。其中外循环是 3 层，内循环是 5 层。需要注意的是，内循环结束之后要输出回车符。

【参考源代码】

```
#include <stdio.h>
main()
{
  int i,j;
  for(i=1;i<4;i++)                              //外层循环
    {
      for (j=1;j<6;j++)                         //内层循环
          printf(" * ");
      printf("\n");
    }
}
```

【思考题】 如果使用单层循环，源代码应该做何修改？

4.2.4 实验案例 4-4：求若干数中的最大数

【实验内容】 输入若干自然数，输出其中最大的数。

【编程分析】 输入若干自然数，需要用循环结构实现。其中，循环次数是由键盘输入确定的。从键盘输入 n 个数，则循环次数为 n。若 i 表示循环次数，则 i 的初值是 1，终值是 n。循环体是通过比较 n 个数的大小，求出最大值。设计思路：假设输入的第 1 个数是最大数 max，将第 2 个数与 max 比较，max 更新为二者中较大的数，将第 3 个数与 max 比较……最后 max 保存的即为最大值。

【参考源代码】

```
#include <stdio.h>
main()
{
  int num,max,i,n;
  printf("请输入数据个数:");
  scanf("%d",&n);
  printf("请输入%d个数:\n",n);
  scanf("%d",&num);
  max=num;                                        //假设输入的第一个数是最大数
  for(i=1;i<n;i++)
    {
      scanf("%d",&num);
      if(num>max)
        max=num;
    }
  printf("最大值是:%d\n",max);
}
```

4.2.5 实验案例 4-5：统计 0 的个数

【实验内容】 输入 20 个数，统计其中 0 的个数并输出。

【编程分析】 循环次数是确定的，适合采用 for 语句实现循环。循环体部分是判断输入的数是否为 0 并统计个数。设计思路：输入的数如果不为 0，则本轮循环结束，直接进入下一轮循环；如果为 0，则累计个数后进入下一轮循环。经过分析可知，循环体中累计 0 的个数的语句并不是每轮循环都要执行。因此，可以使用 continue 语句来实现。continue 语句的功能是停止执行它之后的其他语句，直接进入下一轮循环。

【参考源代码】

```
#include <stdio.h>
main()
{
  int i,num,j=0;
  for(i=1;i<=20;i++)
  {
    scanf("%d",&num);
    if(num!=0)
        continue;                   //若 num 不为 0 则本轮循环结束，直接进入下一轮循环
```

```
    j++;
  }
  printf("其中,0的个数是%d.\n",j);
}
```

【思考题】 如果不使用 continue 语句,代码应该怎么修改?

4.2.6 实验案例 4-6:求前 3 个能被 7 整除的数

【实验内容】 输出 100~999 中前 3 个能被 7 整除的数。

【编程分析】 这是一个典型的循环问题,循环的初值是 100,终值是 999,循环体是查找并输出前 3 个能被 7 整除的数,因此,只要找到前 3 个数循环就可以立即终止,而不一定要循环 899 次。使用 break 语句提前结束循环。

【参考源代码】

```
#include <stdio.h>
main()
{
  int i,j=0;
  for(i=100;i<=999;i++)
    {
      if(i%7==0)
          {
            printf("%4d",i);
            j++;
            if(j==3)
              break;                                  //提前结束循环
          }
    }
}
```

4.2.7 实验案例 4-7:计算字符串长度

【实验内容】 从键盘输入一个字符串,以回车符结束,输出字符串的长度。

【编程分析】 输入若干字符,这是一个循环问题。但是从键盘输入字符的个数是不确定的,当循环次数不确定时适合采用 while 结构。其中,循环结束的条件是输入的字符是回车符。从键盘输入字符使用函数 getchar。当输入的字符不是回车符时,累计字符个数,即字符串长度。

【参考源代码】

```
#include <stdio.h>
main()
```

```
{
  int i=0;
  printf("请输入一个字符串,以回车符结束:");
  while(getchar()!='\n')
    i++;
  printf("字符串长度是:%d",i);
}
```

4.2.8 实验案例 4-8：判断整数的位数

【实验内容】 从键盘输入一个整数,判断它是几位数并输出。

例如：输出 789,输出：共有 3 位。

【编程分析】 判断某整数 a 是几位数的方法是：首先做除 10 运算,如果 a/10 为 0,说明 a 是一位数;如果 a/10 不为零,则继续做除 10 运算,即(a/10)/10,然后再判断其值,如果为 0,表示是两位数,以此类推,直到商为 0,结束循环。由分析可知,这是一个循环次数不确定的循环结构,采用 while 或者 do-while 结构是比较合适的。其中,循环结束条件是 a/10 为 0,循环体是累计位数,并进行除 10 运算。

【参考源代码 1】 采用 do-while 循环结构

```
#include<stdio.h>
main()
{
  int num, n=0;
  printf("请输入一个整数:");
  scanf("%d",&num);
  do{
      n++;
      num/=10;
  }while(num!=0);
  printf("共有%d位\n",n);
}
```

【参考源代码 2】 采用 while 循环结构

```
#include<stdio.h>
main()
{
  int num, n=0;
  printf("请输入一个整数:");
  scanf("%d",&num);
  while(num!=0)
    {
     n++;
```

```
        num/=10;
    };
  printf("共有%d位\n",n);
}
```

4.2.9 实验案例4-9：计算1+1/2+1/3+…+1/n的和

【实验内容】 从键盘输入一个正整数n，计算1+1/2+1/3+…+1/n的和并输出，要求结果保留两位小数。

【编程分析】 这是一个循环问题，采用for语句、while语句、do-while语句均可以实现循环。需要注意的是：前n项之和是实数，应定义成float类型。另外，注意：1/2=0，而1.0/2=0.5，在书写循环体时要采取后者，而不是前者。

【参考源代码】

```
#include <stdio.h>
main()
{
  float sum=0.0;
  int n,i=1;
  printf("请输入一个正整数:");
  scanf("%d",&n);
  while(i<=n)
    {
        sum+=1.0/i;
        i++;
    }
  printf("sum=%.2f",sum);
}
```

【思考题1】 如果用for循环结构实现，应该怎么改写代码？

【思考题2】 如果要求最后一项小于10^{-6}时循环结束，应该怎么改写代码？

4.2.10 实验案例4-10：防止用户输入非法数据

【实验内容】 要求从键盘输入某学生的年龄age，如果用户输入的是0或者负数，程序提示用户："输入数据不符合要求，请重新输入一个正数： "。

【编程分析】 由于用户的疏忽，可能会输入不正确的数据。程序员在编程时应该考虑如何防止用户有意或者无意地输入错误数据。一般的方法是使用while语句进行空循环来实现。

```
while(scanf("%d",&i),i<=0);
```

这条while语句中的循环体为空，是一个空循环。其含义是：从键盘输入一个数i，如果

i≤0,继续等待从键盘输入,直到 i>0 时,循环结束。

【参考源代码 1】

```
#include <stdio.h>
main( )
{
  int i;
  printf("请输入一个正数:");
  while(scanf("%d",&i),i<=0)
    printf("输入错误,请输入一个正数:");
}
```

【参考源代码 2】

```
#include <stdio.h>
main()
{
  int i;
  printf("请输入一个正数:");
  while(1)                                        //这是永远为真的循环
    {
        scanf("%d",&i);
        if(i>0)
          break;                                  //当 i>0 时,结束循环
        printf("输入错误,请输入一个正数:");
    }
}
```

4.3 实践项目

4.3.1 实践项目 4-1:统计小写字母个数

【实验内容】 从键盘连续输入 10 个字符,输出其中的小写字母及个数。

【编程分析】 这是一个典型的 for 循环问题。循环次数是 10。使用逻辑表达式"c>='a'&&c<='z'"来判断是否是小写字母。循环体中包含如下 3 个操作。

(1) 采用 if 语句判断输入字符是否为小写字母。

(2) 统计小写字母的个数。

(3) 输出小写字母。

4.3.2 实践项目 4-2:输出高度为 n 的等边三角形

【实验内容】 输出高度为 n 的等边三角形,其中,n 的值由键盘输入。

```
      *
    * * *
  * * * * *
* * * * * * *
```

【编程分析】 图形可以拆解为行和列,要仔细观察并分析每行、每列遵循什么样的规律。经分析可知,上述图形的分布规律是:第i行上有(2i−1)个*,*前面有(n−i)个空格,每行以换行符结束。这是一个典型的循环嵌套问题。

使用外循环来控制行数,内存循环来控制每行的输出数据。

4.3.3 实践项目4-3:计算1−1/2+1/3−1/5+⋯的前n项之和

【实验内容】 从键盘输入一个正整数n,计算交错序列1−1/2+1/3−1/5+⋯的前n项之和并输出,要求结果保留两位小数。

【编程分析】 这是一个循环问题,可以采用while循环结构。经过分析,通项是:$a_n=(-1)^{n+1}/n$。因为前n项之和是实数,其和应定义成float类型。另外,注意:1/2=0,而1.0/2=0.5,在书写循环体时要采取后者,而不是前者。

4.3.4 实践项目4-4:反序输出某自然数

【实验内容】 从键盘输入一个自然数,将其反序输出。

【编程分析】 因为自然数的位数不确定,适合采用while语句实现循环。各位上的数字可以使用除10及余10运算来提取。

4.3.5 实践项目4-5:统计从键盘输入实数的个数及平均值

【实验内容】 从键盘输入若干实数,输出这些实数的个数以及它们的平均值。

【编程分析】 这是一个循环问题,但是循环次数是不明确的,可能是因为要输入的实数太多,也可能是用户不愿意提前统计要输入的实数的个数。C语言规定:从键盘输入的数据以^z(按下组合键Ctrl+z)结束时,scanf函数和getchar函数的返回值均为EOF(−1)。因此,可以利用EOF的值来设置循环的结束条件。

4.3.6 实践项目4-6:青蛙几次能跳出水井

【实验内容】 水井深h米,井底有只青蛙想跳出井外,它每次沿着井壁向上跳m米,然后向下滑n米。编程计算青蛙几次可以跳出井外。其中,n<m<h。

【编程分析】 这是一个循环问题,但是循环次数是不明确的,循环的结束条件是向上跳的累计距离大于井深。根据以上分析,确定使用永真循环while(1)及break语句来控制循环结构。

4.3.7　实践项目 4-7：统计单词个数

【实验内容】　统计句子中的单词个数。单词之间以空格分隔。

【编程分析】　空格之后输入非空格符作为一个新单词的开始，直到再输入一个空格符或者回车符。因此，对每一个输入的字符都必须首先判断是否为回车符\n。

程序的实现要点如下。

(1) 定义变量 flag 标识新单词，初值为 0。调用 getchar 函数从键盘输入字符。

(2) 判断输入的字符是否为回车符\n，然后再判断它是否为空格。

(3) 如果输入的是\n，循环结束，输出单词个数；如果输入的是空格，flag 为 0，表示单词结束；如果连续输入空格，则 flag 值不变；如果当前字符不是空格，而它的前一个字符为空格，则表明新单词的开始，flag 置 1，同时累计单词数，若当前字符不是空格，且它的前一个字符也不是空格，则什么也不做。

4.3.8　实践项目 4-8：统计整数中 6 的个数

【实验内容】　从键盘输入一个整数，判断其中是否包含数字 6，若包含，则统计其中 6 的个数并输出；否则，输出“no!”。

【编程分析】　使用 while 循环结构依次判断每位上的数字是否为 6。假设从键盘输入的整数是 num，由于整数的位数是不确定的，因此应该由低位到高位依次判断。将输入的数字分成两部分：个位(n%10)和除个位以外的部分(n/10)。判断 n%10 的值是否为 6，如果是，累计其个数。

4.4　实践项目参考源代码

1. 实践项目 4-1 参考源代码

```
#include <stdio.h>
main()
{
  int i,num=0;
  char c;
  printf("请输入 10 个字符:");
  for(i=0;i<10;i++)
    {
      scanf("%c",&c);
      if(c>='a'&&c<='z')
        {
          printf("%c、",c);
```

```
          num++;
        }
    }
  printf("\n其中有:%d个小写字母。",num);
}
```

2. 实践项目 4-2 参考源代码

```
#include <stdio.h>
main()
{
  int n,i,j;
  printf("请输入 n 的值:");
  scanf("%d",&n);
  for(i=0;i<n;i++)
    {
      for(j=0;j<=n-i;j++)
        putchar(' ');
      for(j=0;j<=2*i;j++)
        putchar('*');
      putchar('\n');
    }
}
```

3. 实践项目 4-3 参考源代码

```
#include <stdio.h>
#include <math.h>
main()
{
  float sum=0.0;
  int n,i=1;
  printf("请输入一个正整数:");
  while(scanf("%d",&n),n<1)
    printf("输入错误,请重新输入:");
  while(i<=n)
    {
      sum+=pow(-1,i+1)*1.0/i;
      i++;
    }
  printf("sum=%.2f",sum);
}
```

4. 实践项目 4-4 参考源代码

```
#include <stdio.h>
```

```
main()
{
    int num,i,j=0;
    printf("请输入一个自然数:");
    scanf("%d",&num);
    while(num>0)
      {
         i=num%10;
         j=j*10+i;
         num=num/10;
      }
    printf("反序数是:%d",j);
}
```

5. 实践项目 4-5 参考源代码

【参考源代码 1】

```
#include <stdio.h>
main()
{
  float s=0,x,avg;
  int i=0;
  while(1)
    {
      if(scanf("%f",&x)==EOF)
         break;                                        //输入^z时结束循环
      s+=x;
      i++;
    }
  avg=s/i;
  printf("\n共输入%d个数,平均值是%.2f\n",i,avg);
}
```

【参考源代码 2】

```
#include <stdio.h>
main()
{
    float s=0,x,avg;
    int i=0;
    while(scanf("%f",&x)!=EOF)                         //输入^z时结束循环
      {
         s+=x;
         i++;
      }
```

```
    avg=s/i;
    printf("\n共输入%d个数,平均值是%.2f\n",i,avg);
}
```

6. 实践项目 4-6 参考源代码

```
#include <stdio.h>
main()
{
    int i,j,height;          //i是每次向上跳的距离,j是每次下滑的距离,height是井深
    int n=1,sum=0;           //n是跳的次数,sum是跳的累计距离
    scanf("%d%d%d",&height,&i,&j);
    while(1)
    {
        sum=sum+i;
        if(sum>height)
          break;
        sum=sum-j;
        n++;
    }
  printf("青蛙跳%d次即可跳出井外!",n);
}
```

7. 实践项目 4-7 参考源代码

```
#include <stdio.h>
main()
{
  int i,n=0,flag=0;          //n是单词的个数,flag是新单词标识
  char ch;
  ch=getchar();
  for(i=0;(ch=getchar())!='\n';i++)
    if(ch==32)               //空格的ASCII值是32
       flag=0;
    else if(flag==0)
        {
            flag=1;
            n++;
        }

  printf("单词数是%d.",n);
}
```

8. 实践项目 4-8 参考源代码

```
#include <stdio.h>
```

```
main()
{
  int i=0,num;
  printf("请输入一个整数:");
  scanf("%d",&num);
  while(num!=0)
    {
      if(num%10==6)
        i++;
      num=num/10;
    }
  if(i==0)
    printf("no!");
  else
    printf("其中有%d个6",i);
}
```

4.5 本章常见错误小结

1. do-while 循环结构中,表达式后面忘记写分号

例如:

```
do{
    n++;
    num/=10;
  }while(num!=0)          //漏写了分号。正确写法: while(num!=0);
```

2. for 循环结构中,表达式后面写分号

例如:

```
int i;
for(i=0;i<=3;i++) ;          //多写了分号。正确写法:for(i=0;i<=3;i++)
```

第5章

数　组

数组是一组具有相同数据类型的数据的有序集合，用数组名和数组下标可以标识数组元素。如果程序中涉及大量相同类型数据的处理，一般应首先考虑采用数组。

5.1 知识梳理

5.1.1 一维数组

1. 一维数组的声明

一维数组在内存占用一段连续的内存空间，只有在声明了数组元素的类型及个数之后，计算机才会为数组分配相应大小的内存空间。因此，一维数组必须先声明，再引用。

一维数组的声明格式：

```
数组元素类型　数组名[数组长度];
```

其中，数组元素类型可以是基本类型中的任何一种，数组名是一个合法的C语言标识符，数组长度是一个正整数，表示数组元素的个数。

例如：

```
int a[3];
```

该语句的含义：数组元素是int类型，数组名是a，数组中共有3个数组元素。由于int类型数据用4字节存储，因此，计算机将会给数组a分配一段连续的12字节的存储空间。数组名a表示数组所占存储空间的首地址，a+i−1表示第i个数组元素的地址。特别要注意：a是一个地址常量，不能对a进行赋值运算。

2. 一维数组的初始化

数组的初始化是指声明数组的同时为数组赋初值。

一维数组初始化的基本格式：

```
数组元素类型　数组名[数组长度]={初值列表}
```

数组如果没有初始化,系统会自动将所有数组元素初始化为0。

(1) 给所有数组元素赋初值。

例如:

```
int a[3]={12,36,-9};
```

该语句的含义:数组元素 a[0]=12,a[1]=36,a[2]=-9。

如果给所有的数组元素赋初值,数组长度可以省略不写。即语句"int a[3]={12,36,-9};"等价于"int a[ ]={12,36,-9};"。

(2) 给部分数组元素赋初值。

当初值表里的初值个数小于数组长度时,依次从数组第一个元素起按顺序为各元素赋初值。未赋初值的int类型数组元素初值为0、char类型数组元素初值为字符\0。

例如,

```
int a[3]={12,36};
```

该语句的含义:只给数组的前两个元素赋值,即 a[0]=12,a[1]=36,a[2]=0。

3. 一维数组的引用

数组元素只能逐个引用,不能一次性引用所有元素。

(1) 一维数组元素的直接引用:下标表示法。

数组元素的直接引用格式:

```
数组名[下标]
```

其中,下标是一个正整数,取值范围是[0,数组长度-1]。

注意:下标从0开始编号。

(2) 一维数组元素的间接引用:地址表示法。

数组元素的间接引用格式:

```
*(数组元素地址)
```

其中,数组名a表示数组所占存储空间的首地址(第一个数组元素的地址);a+i-1表示第i个数组元素的地址;取地址a+i-1中的数值,写作 *(a+i-1);数组a第一个元素的值写作*a,第i个元素的值写作*(a+i-1)。

注意:一维数组的名字就是数组中第一个元素的地址。

5.1.2 二维数组

二维数组在内存中实际是一维存放的:即第二行的第一个元素紧接在第一行最后一个元素之后,第三行的第一个元素紧接在第二行最后一个元素之后,以此类推。

1. 二维数组的声明

二维数组的声明格式:

```
数组元素类型 数组名[行长度][列长度];
```

2. 二维数组的初始化

(1) 分行赋初值。

格式为:

```
数组元素类型 数组名[行长度][列长度]={{初值表 1},…,{初值表 i},…};
```

执行的操作:将初值表 i 中的数据依次赋值给第 i 行的数组元素。

例如:

```
int a[2][3]={{0,1,2},{3,4,5}};
```

该语句的含义:数组 a 的第 1 行各元素 a[0][0]、a[0][1]、a[0][2]依次赋值 0、1、2;第 2 行各元素 a[1][0]、a[1][1]、a[1][2]依次赋值 3、4、5。

(2) 顺序赋初值。

格式为:

```
数组元素类型 数组名[行长度][列长度]={初值表};
```

执行的操作:将初值表中的数据按照顺序(先行后列)依次赋值给数组元素。

例 5-1 int a[2][3]={0,1,2,3,4,5};

该语句的含义:数组元素的值分别是 a[0][0]=0,a[0][1]=1,a[0][2]=2,a[1][0]=3,a[1][1]=4,a[1][2]=5。

例 5-2 int a[][3]={0,1,2,3,4,5};

该语句的含义:初始化所有的数组元素。当初始化所有数组元素时,行长度可以省略不写。

语句“int a[2][3]={0,1,2,3,4,5};”等价于语句“int a[][3]={0,1,2,3,4,5};”。

(3) 对部分元素赋初值。

例如:

```
int a[2][3]={{0,1},{3,4}};
```

该语句的含义:只对第 1 列和第 2 列数组元素赋初值,第 3 列数组元素自动赋值为 0。

3. 二维数组的引用

二维数组元素的引用分为直接引用和间接引用两种。

(1) 直接引用格式:

```
数组名[行下标][列下标];
```

b[i−1][j−1]表示数组 b 的第 i 行第 j 列元素的值。

(2) 间接引用格式：

```
*(*(数组首元素地址+行号)+列号)
```

((b+i－1)+j－1)表示数组 b 的第 i 行第 j 列元素的值。

注意：数组名 b 为第一行的行地址；"b+i－1"为第 i 行的行地址；"*(b+i－1)"为第 i 行第 1 列元素的地址，"*(b+i－1)+j－1"为第 i 行第 j 列元素的地址。

5.1.3 字符数组

一维字符数组存放的是若干字符，其声明、初始化及引用与其他类型的数组是相同的。

1. 字符串的存储

字符串常量是用一对双引号括起来的字符序列，字符串的结束标志是'\0'。利用这个特点，可以将字符串当作特殊的字符数组进行处理。换句话说，使字符数组成为字符串就是将字符数组的某个元素赋值为'\0'。例如，

```
char str[6]={'w', 'o', 'r', 'l', 'd', '\0' };
```

等价于

```
char str[6]="world";
```

其中，"world"是字符串常量，该字符串尾部隐藏了一个串结束标志'\0'，初始化数组 str 时，系统自动将该字符赋值到第 6 个数组元素 str[5]。

注意：

(1) 字符数组中没有被赋初值的数组元素均被赋值为'\0'。

(2) 如果声明的字符数组要存放的是字符串，则数组长度必须大于字符串长度。例如，字符串"world"的长度是 5，字符数组 str 的数组长度至少是 6。

(3) 字符数组存放的是字符串时，数组长度可以省略不写。

(4) 不允许用赋值表达式对字符数组赋值。

若声明"char name[9];"，则语句"name＝"李豆豆";"是非法的，因为 name 是数组名，数组名是一个地址常量，不允许对其进行赋值运算。

2. 字符串的输入

(1) 使用 scanf 函数输入字符串。

字符串输入可以使用 scanf 函数。

例如：

```
char  sname[9];
scanf("%s",sname);
```

该语句执行的操作是将键盘输入的若干字符保存到字符数组 sname 中。

注意：用格式符%s 输入字符串时，遇到空格、Tab、回车符终止，并写入串结束标志。因此，欲将包括空格、Tab 在内的字符序列输入字符数组时，不能调用 scanf 函数。

(2) 使用 gets 函数输入字符串。

例如：

```
char sname[9];
gets(sname);
```

该语句执行的操作是输入若干字符到字符数组 sname，遇到回车符终止，并写入串结束标志'\0'。

3. 字符串的输出

如果字符数组中存储的是字符串，可以直接输出该字符串，而无须逐个输出字符。调用函数 puts 或在 printf 函数中使用输出格式符%s 均可以输出字符串。

(1) 字符串输出函数 puts。

例如：

```
char sname[9];
puts(sname) ;
```

该语句执行的操作是输出存储起始地址为 sname 的若干字符，直到'\0'结束，最后输出一个换行符。

(2) 在 printf 函数中使用输出格式符%s 输出字符串。

例如：

```
char sname[9];
printf("%s",sname);
```

4. 常用的字符串函数

(1) 字符串复制函数 strcpy(字符数组 str1，字符数组 str2)。

函数功能：将字符串 str2 复制到字符串 str1 中。

(2) 字符串连接函数 strcat(字符数组 str1，字符数组 str2)。

函数功能：将字符串 str2 复制到字符串 str1 后面，返回值为字符数组 str1 的地址。

(3) 字符串比较函数 strcmp(字符数组 str1，字符数组 str2)。

函数功能：

① 当字符串 str1＝字符串 str2，返回值是 0；

② 当字符串 str1＞字符串 str2，返回值是 1；

③ 当字符串 str1＜字符串 str2，返回值是－1。

(4) 测字符串长度函数 strlen(字符数组 str)。

函数功能：返回字符串 str 的长度(不包括字符串结束标志'\0')。

5.1.4 字符串数组

一个字符串对应一个一维字符数组,则若干字符串对应一个二维字符数组。其中,二维字符数组的行数即字符串的个数,列数即最长字符串的长度加 1。二维数组的各行地址即各字符串的地址。

5.1.5 小结

综上所述,数组的主要知识点如表 5-1～表 5-3 所示。

表 5-1 一维/二维数组的数组元素的地址及数值对照表

项　目	一 维 数 组	二 维 数 组
定义	int a[10],i;	int b[10][10],i,j;
数组元素的地址	&a[i];或者 a+i;	&b[i][j];或者 *(b+i)+j;
数组元素的数值	a[i];或者 *(a+i);	b[i][j];或者 *(*(b+i)+j);

表 5-2 二维数组的行地址、数组元素的地址及数值对照表

项　目	举　例
定义	int b[10][10],i,j;
行地址	b[i];或者 *(b+i);
数组元素的地址	&b[i][j];或者 *(b+i)+j;或者 b[i]+j;
数组元素的数值	b[i][j];或者 *(*(b+i)+j);或者 *(b[i]+j);

表 5-3 字符串及字符串数组的输入、输出函数使用方法对照表

项　目	字 符 串	字符串数组
定义	char str1[]="hello";	char str[][10]={"java","python","c++"};
gets 函数	gets(str1);	gets(str[i]);或者 gets(*(str+i));
puts 函数	puts(str1);	puts(str[i]);或者 puts(*(str+i));

5.2 实 验 案 例

5.2.1 实验案例 5-1:一维数组元素的输入及引用

【实验内容】 用户从键盘输入某学生的 6 门专业课的成绩(成绩为整数)并保存在成

绩数组中,计算并输出该生的平均成绩,要求平均成绩保留两位小数。

【编程分析】 采用for循环结构累加数组元素,然后计算平均成绩。引用数组元素可以采用下标表示法或者地址表示法。

根据题意,数组元素是从键盘输入,应采用循环结构依次输入各数组元素的值。假设数组名是a,则a表示数组第一个元素的地址,a+i表示第(i+1)个数组元素的地址,如果要输入数组的第(i+1)个元素的值,语句应写成“scanf("%d",a+i);”或者“scanf("%d",&a[i])”。

【参考源代码1】 用地址表示法引用数组元素。

```
#include <stdio.h>
main()
{
  int a[6];
  int i,sum=0;
  float average;
  printf("请输入6门专业课的成绩:");
  for(i=0;i<6;i++)                    //数组下标从0开始,到5结束,数组元素共6个
    {
      scanf("%d",a+i);                //输入数组元素的值
      sum=sum+*(a+i);                 //用地址表示法引用数组元素
    }
  average=sum/6.0;                    //平均成绩是实型数据
  printf("平均分:%.2f",average);      //平均成绩保留两位小数
}
```

【参考源代码2】 用下标表示法引用数组元素。

```
#include <stdio.h>
main()
{
  int array[6];
  int i,sum=0;
  float average;
  printf("请输入6门专业课的成绩:");
  for(i=0;i<6;i++)                    //数组下标从0开始,到5结束,数组元素共6个
    {
      scanf("%d",&array[i]);          //输入数组元素的值
      sum=sum+array[i]);              //用下标表示法引用数组元素
    }
  average=sum/6.0;                    //平均成绩是实型数据
  printf("平均分:%.2f",average);      //平均成绩保留两位小数
}
```

5.2.2 实验案例 5-2：数组元素的地址及值

【实验内容】 阅读程序并分析运行结果。

```
#include <stdio.h>
main()
{
  int  i,a[5]={12,7,68,-9,2};
  printf("数组元素的地址及值是两个不同的概念:\n");
  for(i=0;i<5;i++)
      printf("第%d个数组元素 a[%d]的地址和值分别是:%x、%d\n",i+1,i,a+i,*(a+i));
  printf("\n");
}
```

程序的运行结果如图 5-1 所示。

```
数组元素的地址及值是两个不同的概念:
第1个数组元素a[0]的地址和值分别是: 28fea8、12
第2个数组元素a[1]的地址和值分别是: 28feac、7
第3个数组元素a[2]的地址和值分别是: 28feb0、68
第4个数组元素a[3]的地址和值分别是: 28feb4、-9
第5个数组元素a[4]的地址和值分别是: 28feb8、2
```

图 5-1 int 类型数组元素的地址及值

【运行结果分析】 假设数组名是 a，则 a 表示数组第一个元素的地址，a+i 表示第(i+1)个数组元素的地址，*(a+i)表示第(i+1)个数组元素的值。

由运行结果可知：

(1) 相邻数组元素的地址之差是 4。原因是数组元素是 int 类型，int 类型的数据占 4 字节的存储空间。

(2) 数组占用的是一段连续的内存空间，从 28fea8 至 28feb8，共 20 字节的大小。

如果将数组元素类型改为 double，同时将输出语句改为：

```
printf("第%d个数组元素 a[%d]的地址和值分别是:%x、%.2f\n",i+1,i,a+i,*(a+i));
```

则运行结果如图 5-2 所示，因为 double 类型的数据占 8 字节的内存空间，因此数组占用的存储空间从 28fe90 至 28feb0，共 40 字节的大小。

```
数组元素的地址及值是两个不同的概念:
第1个数组元素a[0]的地址和值分别是: 28fe90、12.00
第2个数组元素a[1]的地址和值分别是: 28fe98、7.00
第3个数组元素a[2]的地址和值分别是: 28fea0、68.00
第4个数组元素a[3]的地址和值分别是: 28fea8、-9.00
第5个数组元素a[4]的地址和值分别是: 28feb0、2.00
```

图 5-2 float 类型数组元素的地址及值

5.2.3 实验案例5-3：数组元素排序

【实验内容】 从键盘输入 n(n≤100)个整数，将它们按照从小到大顺序输出。

【编程分析】 将从键盘输入的数据保存到数组之后进行排序。排序算法可以采用“比较法”。

“比较法”是指将相邻数组元素进行两两比较，比较之后按照先小后大调整位置，循环此过程，直到所有数组元素比较完毕并调整位置。“比较法”采用两层嵌套循环结构来实现比较。假设数组中各元素为 x[0],x[1],…,x[n−2],x[n−1]。

第1轮循环：求出 x[0]～x[n−1]中的最大数并保存在 x[n−1]中。

详细过程：若 x[0]>x[1]则交换 x[0]、x[1]，若 x[1]>x[2]则交换 x[1]、x[2]以此类推若 x[n−2]>x[n−1]则交换 x[n−2]、x[n−1]。本轮次比较结束之后，x[n−1]为数组中最大数。

第2轮循环：求出 x[0]～x[n−2]中的最大数并保存在 x[n−2]中。

详细过程：若 x[0]>x[1]则交换 x[0]、x[1]，x[1]>x[2]则交换 x[1]、x[2]以此类推若 x[n−3]>x[n−2]则交换 x[n−3]、x[n−2]。本轮次比较结束之后，x[n−2]为数组中第二大的数。

循环此过程，直到所有数组元素按照从小到大顺序排列。

【参考源代码】

```
#include <stdio.h>
main()
{
  int a[100],t, n,i,j;
  printf("请输入整数的个数:");
  scanf("%d",&n);
  printf("请输入%d个整数,整数之间用空格分隔:\n",n);
  for(i=0;i<n;i++)
    scanf("%d",&a[i]);                    //从键盘输入数据到数组
  for(i=0;i<n-1;i++)                      //用比较算法对数组元素排序
    for(j=0;j<n-i-1;j++)
      if(a[j]>a[j+1])
        {
          t=a[j];
          a[j]=a[j+1];
          a[j+1]=t;
        }
}
```

【思考题】 如果用户不事先统计输入数据的总个数，而是直接输入数据，源代码应该如何修改？思考之后，阅读以下源代码。

【参考源代码】

```
#include <stdio.h>
main( )
{
  int a[10],t,n,i=0,j;
  printf("请输入若干整数,以 ctrl+z 结束输入:\n");
  while(scanf("%d",&n)!=EOF)           //使用 while 循环来输入数据并确定其个数
    {
      a[i]=n;
      i++;
    }
    n=i;                               //i 是数组长度
    for(i=0;i<n-1;i++)                 //用比较算法对数组元素进行排序
      for(j=0;j<n-i-1;j++)
        if(a[j]>a[j+1])
          {
            t=a[j];
            a[j]=a[j+1];
            a[j+1]=t;
          }
}
```

5.2.4 实验案例 5-4：正负数组

【实验内容】 输入若干整数(不多于 20 个),将其中的正数存入 a 数组,负数存入 b 数组。输出正负数组的数组元素及其长度。

【编程分析】 输入数据的个数不确定时,使用语句 while(scanf("%d",&data)!=EOF)来控制循环输入,当输入数据是正数时保存到数组 a,同时累计其个数;当输入的数据是负数时保存到数组 b,同时累计其个数。

【参考源代码】

```
#include <stdio.h>
main()
{
  int a[20],b[20];
  int data,i=0,j=0,na,nb;
  printf("请输入数据,以 ctrl_z 结束。\n");
  while(scanf("%d",&data)!=EOF)        //将从键盘输入数据保存到一维数组中
    {
      if(data>0)
        {
          a[i]=data;
```

```
            i++;
          }
        else
          if(data<0)
            {
              b[j]=data;
              j++;
            }
        }
      na=i;                                     //na是正数数组的长度
      nb=j;                                     //nb是负数数组的长度
      printf("其中的正数有%d个,分别是:",i);
      for(i=0;i<na;i++)
        printf("%d   ",a[i]);
      printf("\n其中的负数有%d个,分别是:",j);
      for(i=0;i<nb;i++)
        printf("%d   ",b[i]);
    }
```

5.2.5 实验案例5-5：统计某数出现的次数

【实验内容】 从键盘输入一个数，统计数组a中该数出现的次数，如果没找到，则输出“没找到!”。

【编程分析】 采用for语句循环遍历数组，将数组元素逐个与输入数据进行比较，如果相同则累计其出现的次数。

【参考源代码】

```
#include <stdio.h>
main()
{
   int i,j=0;
   float num,a[20];
   printf("请输入一个数:");
   scanf("%f",&num);
   for(i=0;i<20;i++)
     if(a[i]==num)
        j++;
   if(j==0)
     printf("没有找到%.2f!",num);
   else
     printf("%.2f在数组中出现了%d次!",num,j);
}
```

5.2.6 实验案例 5-6：求主次对角线上的数组元素之和

【实验内容】 从键盘输入 9 个数，保存在二维数组 A 中，求主次对角线上的数组元素之和并输出。

【编程分析】 二维数组在内存中是按行存放的，即第二行的第一个元素排在第一行最后一个元素之后，以此类推。将从键盘输入的 9 个数保存到二维数组，因此二维数组有 3 行 3 列。程序的实现要点如下。

(1) 使用循环嵌套将数据保存在二维数组中。输入语句为"scanf("%d",&a[i][j]);"。

(2) 主对角线上的数组元素的行下标等于列下标。

(3) 次对角线上的数组元素的行下标与列下标之和为 2。

【参考源代码】

```
#include <stdio.h>
main( )
{
    int a[3][3];
    int i,j,num,sum1=0,sum2=0;
    for(i=0;i<3;i++)
      for(j=0;j<3;j++)
        scanf("%d",&a[i][j]);
    for(i=0;i<3;i++)
      for(j=0;j<3;j++)
        {
          if(i==j)
            sum1+=a[i][j];
          if(i+j==2)
            sum2+=a[i][j];
        }
  printf("主对角线上元素之和为:%d.",sum1);
  printf("次对角线上元素之和为:%d.",sum2);
}
```

5.2.7 实验案例 5-7：行列互换

【实验内容】 从键盘输入 6 个整数，保存到二维数组 a[2][3]中，将行列互换得到数组 b[3][2]，按照矩阵形式输出数组 b 的数组元素。

【编程分析】 程序的实现要点有如下两点。

(1) 数组 b 的列数据即数组 a 的行数据，用循环嵌套实现：

```
for(i=0;i<2;i++)
  for(j=0;j<3;j++)
    b[j][i]=a[i][j];
```

(2) 要求按照矩阵形式输出数组元素,因此输出一行数据之后要输出回车符\n。

【参考源代码】

```
#include <stdio.h>
main()
{
    int a[2][3],b[3][2],i,j;
    printf("请输入 6 个整数:");
    for(i=0;i<2;i++)                        //将键盘输入的数据保存在数组 a
      for(j=0;j<3;j++)
        scanf("%d",&a[i][j]);
    for(i=0;i<2;i++)                        //将数组 a 行列互换后得到数组 b
      for(j=0;j<3;j++)
        b[j][i]=a[i][j];
    for(i=0;i<3;i++)                        //按矩阵形式输出数组 b 的数组元素
      {
        for(j=0;j<2;j++)
          printf("%4d",b[i][j]);
        printf("\n");
      }
}
```

5.2.8 实验案例 5-8:两个字符串是否相同

【实验内容】 判断两个字符串是否相同,如果相同,输出:"match!",否则,输出:"no match!"。要求:不能调用 strcmp 函数。

【编程分析】 在 C 语言中,字符串是作为特殊的字符数组保存的,字符数组的末元素为\0,标志着字符串的结束。判断两个字符串是否相同的方法:首先比较两个字符串的长度是否相等,如果不相等,则输出"no match!";如果长度相同,再遍历数组,进一步判断两个字符数组的对应位置的字符是否相等。程序的实现要点如下。

(1) 调用字符串函数 strlen,判断字符串长度是否相等。

(2) 如果字符串长度相等,比较对应位置的数组元素,比较结果不为 0,即表示字符串不相同,使用 break 语句,结束遍历。

【参考源代码】

```
#include <stdio.h>
#include <string.h>
#include <ctype.h>
main()
```

```
{
    char str1[30]="Hello";
    char str2[30]="hello";
    int i,j,len1,len2,flag=1;
    len1=strlen(str1);
    len2=strlen(str2);
    if(len1!=len2)
      flag=0;
    else
      {
        for(i=0;i<len1;i++)
          if(str1[i]!=str2[i] )            //相同位置上的字符进行比较
            {
              flag=0;
              break;
            }
        }
      if(flag)
        printf("match!");
      else
        printf("no match!");
}
```

5.2.9 实验案例 5-9：统计数字的个数

【实验内容】 输入一行字符，统计其中的数字个数。

【编程分析】 调用函数 gets 可将从键盘输入的字符串保存到字符数组，遍历字符数组统计其中的数字个数，循环结束条件是字符数组元素为'\0'。

【参考源代码】

```
#include <stdio.h>
#include <string.h>
#include <ctype.h>
main( )
{
  char str[81];
  int i,j=0;
  printf("请输入一行字符:");
  gets(str);
  for(i=0; str[i]!='\0';i++)
    if(isdigit(str[i]))                    //判断数组元素是否为数字
      j++;
  printf("其中有%d个数字",j) ;
}
```

5.2.10 实验案例 5-10：将连续的空格合并成一个

【实验内容】 输入一个字符串，将连续的多个空格用一个空格代替并输出该字符串。

【编程分析】 调用函数 gets 将键盘输入的字符串保存到字符数组，调用函数 puts 可以将字符数组输出。程序的实现要点：遍历字符数组判断相邻的字符是否均为空格，如果是，调用 strcpy 函数将两个空格合并为一个空格。

【参考源代码】

```
#include <stdio.h>
#include <string.h>
main( )
{
  char str[81];
  int i;
  gets(str);
  for(i=1; str[i]!='\0';i++)
    if(str[i-1]==' '&&str[i]==' ')
      {
        strcpy(str+i-1,str+i);          //将两个空格合并成一个空格
        i--;
      }
  puts(str) ;                           //输出字符数组 str
}
```

5.3 实 践 项 目

5.3.1 实践项目 5-1：奇数数组

【实验内容】 从键盘输入 10 个自然数，将其中的奇数存入数组 a 中，统计奇数的个数并输出。

【编程分析】 采用 for 循环结构判断从键盘输入的数据 i 是否为奇数，当 i%2 不等于 0 时，将该数存入数组，并累计奇数的个数。奇数的个数即数组 a 的长度。

5.3.2 实践项目 5-2：每行 3 个数组元素

【实验内容】 数组 a 中共有 12 个整数，要求按照 3 个数组元素为一行的格式进行输出。

【编程分析】 采用 for 循环结构实现循环输出，每行是 3 个数组元素，即输出规律是

3个数组元素加1个回车符。

```
第1行数据: a[0]   a[1]   a[2]   '\n'
第2行数据: a[3]   a[4]   a[5]   '\n'
第3行数据: a[6]   a[7]   a[8]   '\n'
第4行数据: a[9]   a[10]  a[11]  '\n'
```

设计思路：输出数组元素 a[i]后，判断(i+1)%3 的值。当(i+1)%3=0 时，输出回车符然后再进入下一轮循环。

5.3.3 实践项目 5-3：出现次数最多的数组元素

【实验内容】 输出数组中出现次数最多的数组元素及其出现次数。

【编程分析】 假设变量 num 表示出现次数最多的数组元素，变量 m 表示其出现次数，m 的初值为 0。

```
step1:统计 a[0]在 a[0]~a[n-1]中出现的次数 d,如果大于 m,则"num=x[0];m=d;";
step2:统计 a[1]在 a[0]~a[n-1]中出现的次数 d,如果大于 m,则"num=x[1];m=d;";
step3:统计 a[2]在 a[0]~a[n-1]中出现的次数 d,如果大于 m,则"num=x[2];m=d;";
   ⋮
```

其中，第 i 步，统计 a[i−1]在 a[0]～a[n−1]中出现的次数 d，如果大于 m，则执行语句"num=x[i]；m=d；"。

遍历数组之后，num 即出现次数最多的数组元素的值，m 即其出现次数。

5.3.4 实践项目 5-4：高于平均成绩的分数

【实验内容】 输入若干同学(不多于 60 个)的 C 语言笔试成绩，输出平均成绩以及比平均成绩高的分数。

【编程分析】 学生人数是不确定的，所以采用 while(scanf("%d",&score)!=EOF)将输入数据保存到一维数组。输入数据的过程中，累计学生人数并计算成绩之和。其中学生人数即数组长度，然后使用 for 循环结构遍历数组并输出高于平均成绩的分数。

5.3.5 实践项目 5-5：同时出现在两个数组中的数组元素

【实验内容】 输出数组 a 和数组 b 中相同的数组元素。如果没有，则输出："No Found!"。

【编程分析】 利用嵌套循环，依次比较两个数组的数组元素。设置变量 flag，flag 初值设为 1，当找到相同的数组元素时将 flag 置为 0。如果嵌套循环结束之后，flag 的值为 1，则表示没有相同的数组元素。

5.3.6 实践项目 5-6：最接近平均值的数

【实验内容】 输入 10 个数,输出最接近平均值的数。

【编程分析】 最接近平均值的数,即与平均值之差的绝对值为最小的数。调用函数 fabs 求数组元素与平均值的绝对值。假设第一个数组元素最接近平均值,从第二个数组元素开始遍历数组,依次比较各元素与平均值的绝对值并执行相关操作。

5.3.7 实践项目 5-7：最长字符串

【实验内容】 输入若干字符串,请输出最长的字符串。

【编程分析】 字符串数组实质上是一个二维数组。二维数组的行地址即某字符串的地址。调用函数 scanf("%s",字符数组地址)或者 gets(字符数组地址)将从键盘输入的字符串保存到字符数组。然后调用函数 strlen 求出最长的字符串。

5.3.8 实践项目 5-8：有序数组中插入一个数

【实验内容】 已知数组 a 中的数组元素按照由小到大次序排列,从键盘输入一个数,将该数按照排序规律插入数组中。

【编程分析】 如果输入数据大于所有的数组元素则该数据作为最后一个数组元素保存。当输入数据小于其在遍历数组中遇到的第一个数组元素时,将该数组元素及其之后的数组元素依次后移(通过改变下标实现),输入数据保存在该数组元素的位置。

5.3.9 实践项目 5-9：统计单词个数

【实验内容】 统计一行字符串中的单词个数。

【编程分析】 单词之间用空格分隔,字符串中某字符为非空格字符且其前面的字符是空格时,表示这是一个新的单词;如果字符串中某字符为非空格字符且其前面的字符也是非空格字符时,表示这是同一个单词。

5.4 实践项目参考源代码

1. 实践项目 5-1 参考源代码

```
#include <stdio.h>
main()
{
  int i,num,a[10],j=0,m;
```

```
  printf("请输入 10 个自然数:");
  for(i=0;i<10;i++)
    {
     scanf("%d",&num);
     if(num%2==0)          //如果 num 是偶数,本轮循环结束,直接进入下一轮循环
       continue;
     a[j]=num;
     j++;
    }
  printf("其中有%d个奇数,分别是:",j);
  m=j;
  for(j=0;j<m;j++)
    printf("%d\t", * (a+j));
}
```

2. 实践项目 5-2 参考源代码

```
#include <stdio.h>
main()
{
  int i,j=0,m;
  int a[12]={1,2,3,4,5,6,7,8,9,10,11,12};
  printf("以 3 个元素为一行的格式输出:\n");
  for(i=0;i<12;i++)
    {
      printf("%d\t",a[i]);
      if((i+1)%3==0)
        printf("\n");
    }
}
```

3. 实践项目 5-3 参考源代码

```
#include <stdio.h>
main()
{
  int a[10]={2,3,4,3,3,16,7,8,3,9};
  int i,j, m=0,d,num;
  for(i=0;i<10;i++)
    {
     d=0;
     for(j=0;j<10-i;j++)
       if(a[i]==a[j])
         d++;              //统计 a[i]在数组中出现的次数 d
```

```
    if(d>m)                  //若 a[i]在数组中出现次数最多,则保存 a[i]的值及出现次数
      {
        num=a[i];
        m=d;
      }
    }
  printf("其中,%d 出现次数最多,出现了%d 次.\n",num,m);
}
```

4. 实践项目 5-4 参考源代码

```
#include <stdio.h>
main()
{
  int a[60];
  int n,i=0,sum=0;
  float avg,score;
  printf("请输入成绩,以 ctrl+z 结束输入:\n");
  while(scanf("%d",&score)!=EOF)              //将输入数据保存到一维数组
    {
        a[i]=score;
        sum+=a[i];
        i++;
    }
    n=i;
    avg=sum/n;
    printf("平均成绩是%.2f.\n",avg);
    printf("高于平均分数的成绩分别是:");
    for(i=0;i<n;i++)
      if(a[i]>avg)
          printf("%d   ",a[i]);
}
```

5. 实践项目 5-5 参考源代码

```
#include <stdio.h>
main()
{
  int a[6]={0,1,2,3,4,5},b[7]={0,1,2,6,7,8,9};
  int i,j,flag=1;
  for(i=0;i<6;i++)
     for(j=0;j<7;j++)
         if(a[i]==b[j])
             {
```

```
            printf("%d  ",a[i]);
            flag=0;
          }
    if(flag)
        printf("No Found!");
}
```

6. 实践项目 5-6 参考源代码

```
#include <stdio.h>
#include <math.h>
main()
{
  float a[10],sum=0,d,x,avg;
  int i;
  for(i=0;i<10;i++)
    {
        scanf("%f",a+i);
        sum+=a[i];
    }
  avg=sum/10;                                  //计算数组元素的平均值 avg
  d=fabs(a[0]-avg);                            //假设第一个数组元素最接近平均值
  x=a[0];
  for(i=1;i<10;i++)
    if(fabs(a[i]-avg)<d)
       {
         d=fabs(a[i]-avg);
         x=a[i];
       }
    printf("其中,%f最接近平均值%.2f",x,avg);
}
```

7. 实践项目 5-7 参考源代码

```
#include <stdio.h>
#include <string.h>
main( )
{
  char str[6][20];
  int i,num,len,index;
  printf("请输入字符串个数:");
  scanf("%d",&num);
  for(i=0;i<num;i++)
    scanf("%s",str[i]);
```

```
  len=strlen(str[0]);
  index=0;
  for(i=1;i<num;i++)
    {
        len=strlen(str[i])>len?strlen(str[i]):len;
        index=i;
    }
  printf("最长的字符串是:%s.",str[index]);
}
```

8. 实践项目 5-8 参考源代码

```
#include <stdio.h>
main()
{
  int a[6]={2,7,9,12,36};
  int i,j,number,temp1,temp2;
  printf("请输入一个数:");
  scanf("%d",&number);
  if(number>a[4])
    a[5]=number;
  else
    {
      for(i=0;i<5;i++)
        {
          if(a[i]>number)
            {
              temp1=a[i];
              a[i]=number;
              for(j=i+1;j<6;j++)
                {
                  temp2=a[j];
                  a[j]=temp1;
                  temp1=temp2;
                }
              break;
            }
        }
    }
  for(i=0;i<6;i++)
    printf("%d\t",a[i]);
}
```

9. 实践项目 5-9 参考源代码

```
#include <stdio.h>
```

```
#include <string.h>
main()
{
int i=0,k=0,word=0;
char ch,str[81];
printf("请输入一行字符串,以换行符结束\n");
gets(str);
while((ch=str[i])!='\0')
  {
    if(ch==32)                                    //空格的 ASCII 码值是 32
      word=0;
    else
      if(word==0)
        {
          word=1;
          k++;
        }
    i++;
  }
  printf("其中有%d个单词.",k);
}
```

5.5 本章常见错误小结

1. 定义数组或引用数组元素时,将方括号写成圆括号

例如:

```
int array(10);                                //正确写法:int array[10];
```

2. 引用数组元素时,数组下标超过数组长度

例如:

```
int i,array[10];
for(i=0;i<=10;i++)                            //正确写法:for(i=0;i<=9;i++)
  array[i]=i;
```

3. 输入数组元素时,数组元素地址前面加 &

例如:

```
int i,array[10];
for(i=0;i<10;i++)
```

```
    scanf("%d",&(array+i));
    //正确写法:scanf("%d",array+i);或 scanf("%d",&array[i]);
```

4. 混淆字符和字符串

例如:

```
char  str='hello world';                  //正确写法:char str[]="hello world";
```

5. 对数组名赋值

例如:

```
char str[6];
str="hello";                              //正确写法:char str[6]="hello";
printf("%s",str);
```

6. 二维数组定义错误

例如:

```
int  array[2,3]={0};                      //正确写法:int  array[2][3]={0};
```

7. 二维数组输入数据时地址书写错误

例如:

```
int  i,j,b[3][3];
for(i=0;i<3;i++)
  for(j=0;j<3;j++)
    scanf("%d",(b+i)+j);  //正确写法:scanf("%d",*(b+i)+j);或者 scanf("%d",b[i]+j);
```

8. 字符串函数中形参使用错误

例如:

```
int i;
scanf("%d",i);
char name[4][6]={ "John","Grace","Rose","Helen"};
puts(name+i);                 //正确写法:puts(*(name+i)); 或者 puts(name[i]);
```

类似的,gets,strlen,strcmp,strcpy 等函数中的形参均为地址。

第6章

函　数

求解一个复杂问题时，往往采用“化繁为简”的方法，把大问题分解成若干小问题，针对每个小问题提出一个解决方案。在C语言中，每个问题都可以通过一个函数得以解决。函数是能够实现某个特定功能的一段独立程序。C程序由一个或若干函数组成，其中，有且只有一个主函数，主函数名为main。程序从main函数开始执行，与main函数在程序中所处的位置无关。主函数main完成对其他函数的调用；每一个函数都可以调用其他函数，或被其他函数调用(除了main函数外，main函数不可以被任何函数调用)。被调函数运行结束后，系统控制权从被调函数返回主调函数。

用户可以自定义函数，也可以直接调用系统提供的库函数。系统将一些常用的操作定义成函数，这些函数称为库函数，库函数按功能分为数学函数、字符函数、字符串运算函数、文件操作函数、动态内存分配函数、终止程序运行函数等。库函数放在指定的“头文件”中，用户调用库函数时，必须用编译预处理命令include将相应的头文件包含到程序中。

6.1 知识梳理

6.1.1 函数定义

函数定义是指对函数所要完成的功能进行描述。

函数定义的格式是

```
函数类型  函数名(类型 形参 1, 类型 形参 2,…, 类型 形参 n)
{
    函数体
}
```

函数的定义由函数头和函数体两部分组成。其中，函数头由函数类型、函数名、形参列表组成；函数体由实现函数功能的若干条C语句组成。如果函数类型不是void，则函数体的最后一句是return语句。

1. 函数类型

函数类型指的是函数返回值的类型。函数不一定要有返回值,如果函数没有返回值,函数类型采用关键字 void,表示空类型。当函数类型省略不写时,函数类型默认是 int。编写程序时应该养成良好习惯,显式指明函数类型。

2. 函数名

函数名由用户自定义,必须符合 C 语言标识符的命名规则。

3. 形参及其类型声明

一般将不同函数之间需要相互传递的数据作为形参。形参可以是零个、一个或多个,形参之间用逗号分隔,每个形参的类型必须写明,不可省略。如果是无参函数,函数名后面的圆括号不能省略。注意:形参的作用域仅限于本函数内部。

4. return 语句

函数体的最后一条语句是 return 语句。执行 return 语句之后,控制权便返回到主调函数。当函数类型是 void 时,return 语句可以省略不写。

return 语句的作用是结束函数的运行并将表达式的值返回给主调函数。

return 语句有如下两种格式。

(1)"return;"格式。

该语句表示函数不返回任何值。如果函数没有返回值,则函数类型必须声明为 void,而不能省略。

(2)"return 表达式;"格式。

其中的表达式反映了函数运算的结果,执行 return 语句之后,本函数结束运行且表达式的值将返回主调函数。如果 return 语句中的表达式类型与函数类型不符,编译器会自动将表达式的值转换为与函数类型相同的值返回。

注意:return 语句只能返回一个值。如果函数要返回多个运算结果,可以通过传递变量地址、构造结构体等方式进行。

6.1.2 函数声明

类似于变量要先定义后使用,C 语言规定:函数必须先声明再使用。函数声明的格式是

```
函数类型　函数名(形参列表)
```

声明函数原型的目的是告诉编译器函数类型和形参情况,以便编译器做出相关处理。函数原型和函数定义在函数名、函数类型、形参列表中必须完全一致,否则将出现编译错误。

函数的声明遵循以下两个规则。

(1) 如果函数定义在前,函数调用在后,则不需要声明函数。

例如:

```
float f (int n)                                    //函数定义
{
   函数体
  }
main()
{  ...
  f (…)                                            //函数调用
  ...
}
```

(2) 如果函数定义在后,函数调用在前,则必须在函数调用前声明函数原型。

例如:

```
main()
{
  float f(…);                                      //函数声明
  ...
  f (…)                                            //函数调用
  ...
}
float f (int n)                                    //函数声明
{
  函数体
}
```

6.1.3 函数调用

函数调用指的是将实参传递给形参并执行函数定义中的函数体的过程。通过函数调用,即可实现其相应的功能。

1. 函数调用的格式

函数调用的格式是

```
函数名(实参 1,实参 2,…,实参 n)
```

调用函数时,数据以参数的形式从主调函数传递到被调函数,控制权也相应地转到被调函数,当遇到 return 语句或函数体结束时,控制权又转回到主调函数的调用点,继续执行其后的语句。特别注意:如果是无参函数,函数名后面的圆括号不能省略。

2. 参数传递

函数定义中的参数称为形式参数，简称形参；函数调用时的参数称为实际参数，简称实参。其中，形参是自定义函数中的变量，而实参是主调函数中的变量，二者既可以同名，也可以不同名，但类型应该一致。类型不一致时，系统会自动将实参类型转换为形参类型之后再传递值。

参数传递是指将实参的值依次传递给形参。参数传递分为值传递和地址传递。值传递是指函数调用时实参的值是基本数据类型，而地址传递是指实参的值是存储单元的地址。

(1) 值传递方式。

当函数未被调用时，形参并不占用内存空间，更没有具体的数值。只有当函数被调用时，系统才会为形参分配内存空间，并完成实参和形参之间的数据传递。参数采用值传递的基本步骤如下。

① 当函数被调用时，形参变量被创建，即为形参变量分配内存空间。

② 值传递，即将实参的值赋值给对应的形参变量。

③ 执行函数体中的语句。

④ 当控制权从被调函数返回到主调函数时，形参变量被释放。

注意：当函数调用时，先为形参分配独立的存储空间，然后将实参的值赋值给形参变量，因此，在函数执行过程中，任何对形参变量的改变都不会改变实参的值。

(2) 地址传递方式。

如果被调函数中要改变主调函数中的变量值，函数调用必须采用地址传递方式。地址传递是指形参类型是数组或指针类型，而实参必须是存储单元的地址，而不能是数据的值。当函数调用时，形参获得的是主调函数中变量的地址，通过地址可以访问对应的变量，从而达到改变主调函数中的变量值的目的。

3. 函数调用的基本规则

函数调用的基本规则如下。

(1) 实参个数与形参个数必须相等。

(2) 实参类型与形参类型应该一致。当类型不一致时，编译器自动将实参类型转换为形参类型。

(3) 如果是无参函数，函数名后面的圆括号不能省略。

6.1.4 数组形参的定义

数组作形参时，参数传递采用地址传递方式。数值数组和字符数组作形参的定义有不同之处。

1. 数值数组的定义

定义格式：

```
类型标识符 数组名[],int n
```

其中,n是数组元素的个数。

2. 字符数组的定义

定义格式：

```
类型标识符 数组名[]
```

注意：字符数组作形参时,主调函数只要传递字符串首地址即可。被调函数通过判断是否是'\0'字符来确定字符串的长度,即数组元素的个数。

6.1.5 递归函数

递归方法是将原问题转换为较小且有已知解的子问题。递归函数又称为自调用函数,是指函数体内出现直接或间接调用该函数自身的语句。编制递归函数之前,先要归纳出求解问题的递归算法。递归函数中存在着自调用的过程,控制权将反复进入它自己的函数体,因此在函数内必须设置某种条件,当条件成立时终止自调用过程,并使控制权逐步返回到主调函数。

函数的递归过程分为调用和回归两部分。

递归函数的实现要点如下。

(1) 建立递归模型,即简化问题、解决问题的规律。

(2) 确定递归结束条件。

6.2 实验案例

6.2.1 实验案例6-1：完全数

【实验内容】 输出2～999的完全数,要求编写函数判断某数是否为完全数。完全数的定义：如果一个数恰好等于它的因子之和,则为完全数,例如,6是一个完全数,因为6的因子分别是1、2、3,因子之和是1+2+3=6。

【编程分析】 根据题意,子函数的作用是判断某数是否为完全数,因此子函数必须要有返回值,则将子函数类型定义为int类型。因为函数的返回值只能有一个,所以根据判断结果确定具体的返回值,即当某数是完全数时,子函数返回1;否则,返回0。子函数形参的含义是2～999的某个数,其值在调用函数时由实参传递给形参。

在main函数中,通过判断子函数的返回值来确定是否输出该数。

【参考源代码】

```
#include <stdio.h>
int fun1(int k)
{
  int i,s=1;
  for(i=2;i<=k/2;i++)
    if(k%i==0)
      s=s+i;
  return  s==k?1:0;
}
main( )
{
  int i;
  for(i=2;i<=999;i++)
    if(fun1(i))
      printf("%d\n",i);
}
```

【思考题】 如果子函数的定义放在main函数之后,是否需要声明函数。声明函数的语句应该放在哪个位置?请改写源程序并调试运行。

6.2.2 实验案例6-2:各位数字之和为13的数

【实验内容】 输出10～999各位数字之和为13的数。要求编制子函数实现。

【编程分析】 在main函数中使用循环结构遍历10～999的所有数字。在子函数中判断各位数字之和并返回main函数,其中,形参采用值传递方式,函数类型是int类型。在子函数中采用do-while循环结构计算各位数字之和。

【参考源代码】

```
#include <stdio.h>
int sum(int j)
{
  int k=0;
  do
    {
      k=k+j%10;
      j=j/10;
    }while(j!=0);
  return  k;
}
main()
{
    int i;
```

```
    for(i=10;i<999;i++)
      if(sum(i)==13)
        printf("%4d",i);
  }
```

6.2.3 实验案例 6-3：反序数

【实验内容】 从键盘输入若干整数并输出其反序数。例如，输入 123 则输出 321，输入 -2746 则输出 -6472。要求编制子函数实现。

【编程分析】 如果输入的是负数，先取其绝对值后再求其反序数，求得反序数之后再转换成对应的负数。从键盘输入数据的位数不确定，即循环次数不确定，因此采用 while 循环求反序数。

【参考源代码】

```
#include <stdio.h>
#include <math.h>
int func(int j)
{
  int y=0,s=j;
  j=fabs(j);                                      //求绝对值
  while(j)
    {
      y=y*10+j%10;
      j=j/10;
    }
  return s>=0?y:-y;
}
main()
{
  int i;
  while(scanf("%d",&i)!='\n')
    printf("%d--->%d\n",i,func(i));
}
```

6.2.4 实验案例 6-4：统计最高分

【实验内容】 编写函数 cal，计算成绩数组中的最高分。main 函数中调用函数 cal，输出数组中的最高分。

【编程分析】 根据题意，函数 cal 的返回值是最高成绩，因此函数类型定义为数值类型(int 类型或 float 类型或 double 类型)。数组作为形参时，形参有两个：数组名及数组元素的个数。数组名作形参时，参数传递采用的是地址传递方式。

【参考源代码】

```
#include <string.h>
int cal(int a[],int n)                          //形参是数组
{
  int i,max;
  max=a[0];
  for(i=1;i<n;i++)
    if(a[i]>max)
        max=a[i];
  return max;
}
main()
{
  int grade[10]={65,76,87,98,60,55,84,92,93,78},max;
  max=cal(grade,10);
  printf("最高分是:%d",max);
}
```

【思考题】 如果将函数头"int cal(int a[],int n)"改为"int cal(int a,int n)",还能得到正确的运行结果吗?请分析原因。

6.2.5 实验案例6-5:成绩排序

【实验内容】 从键盘输入英语四级考试成绩并保存到grade数组中,编写函数sort将成绩按照由低到高的顺序重新排列并输出。

【编程分析】 根据题意,从键盘输入的若干成绩保存到数组结构中。要处理的数据是数组中的所有元素,而且要将数组元素重新排序,因此,函数形参应该是数组。当数组作为形参时,形参分别是数组名及数组元素的个数。调用该函数时,数组名及排序的数组元素的个数,将由实参传递给形参。因为参数传递采用的是地址传递方式,因此,函数sort实际上做了对main中数组的所有元素按值从小到大重新排序的工作。

【参考源代码】

```
#include <stdio.h>
sort(int a[],int n)                             //数组作为形参
{
  int i,j,k,temp;
  for(i=0;i<n-1;i++)
    {
       k=i;
       for(j=i+1;j<n;j++)
         if(a[j]<a[k])
           k=j;
```

```
            temp=a[i];
            a[i]=a[k];
            a[k]=temp;
        }
    }
main()
{
    int grade[60],i,number;
    printf("请输入学生人数:");
    while(scanf("%d",&number),number>60)
      printf("最多只能输入 60 位同学的成绩,请重新输入学生人数:");
    printf("请依次输入学生成绩:\n");
    for(i=0;i<number;i++)
      scanf("%d",grade+i);
    sort(grade,number);           //函数调用
    printf("成绩按照由低到高排序后的结果:");
    for(i=0;i<number;i++)
      printf("%4d",*(grade+i));
}
```

6.2.6 实验案例 6-6：最小公倍数

【实验内容】 从键盘输入 10 个自然数，求它们的最小公倍数。要求编制子函数实现。

【编程分析】 求若干数的最小公倍数时，首先将其组织成数组，然后采用循环结构遍历数组，根据具体算法求得最小公倍数。子函数的形参是数组及数组元素的个数。求最小公倍数的思想：最小公倍数必然是每个数组元素的整数倍。假设第一个数组元素是最小公倍数，然后通过遍历数组进行验证。如果第一个数组元素能被所有其他的数组元素整除，则其为最小公倍数；否则，将第一个数组元素乘以 2 之后再重复上述过程，直至找到最小公倍数。程序的实现要点：将数组第一个元素 a[0]赋值给变量 m，然后从第二个元素开始遍历数组，若 m 能整除所有数组元素，则 m 为最小公倍数；否则执行“m＝m＋a[0]；”继续重复上述过程，直到求得最小公倍数。

【参考源代码】

```
#include <stdio.h>
int lcm(int a[],int n)
{
  int i,m=a[0];                  //最小公倍数一定是 a[0]的倍数
  while(1)
    {
        for(i=1;i<n;i++)
          if(m%a[i]!=0)
```

```
            break;                  //跳出 for 循环
        if(i==n)
            break;                  //当 i=n 时跳出 while 循环,此时 m 为最小公倍数
        m+=a[0];                    //当 i 不等于 n 时执行,因为最小公倍数一定是 a[0]的倍数
    }
return m;
}
main()
{
  int i,b[10],y;
  printf("请输入 10 个自然数:");
  for(i=0;i<10;i++)
    scanf("%d",b+i);
  y=lcm(b,10);                      //函数调用
  printf("最小公倍数是:%d\n",y);
}
```

6.2.7 实验案例 6-7：递归计算反序数

【实验内容】 从键盘输入若干整数,编制递归函数,输出每个数的反序数。

【编程分析】 计算反序数的递归过程如下。

(1) 若输入的是个位数,则直接输出(注：这是递归函数的结束条件)。

(2) 将 n≥10 的整数分为两部分：个位及除个位以外的其余部分。

(3) 将分解后的两部分分别看作新的整数：首先输出 n 的个位,然后反序输出 n 的除个位以外的其余部分(注：这是递归算法)。

【参考源代码】

```
#include <stdio.h>
void func(int n)
{
  if(n>0&&n<=9)
      printf("%d",n);
  else
    {
      printf("%d",n%10);
      n/=10;
      func(n);
    }
}
main()
{
  int i;
```

```
    printf("请输入一个自然数:");
    scanf("%d",&i);
    func(i);
}
```

6.2.8 实验案例 6-8：幂运算

【实验内容】 编制子函数实现 $y=x^n$,要求使用递归算法。

【编程分析】 这是一个典型的递归问题。x 的 n 次幂即 x 与 x 的(n－1)次幂的乘积,x 的(n－1)次幂即 x 与 x 的(n－2)次幂的乘积,以此类推。最终,x 的 n 次幂即 n 个 x 的乘积,即递归结束条件是幂指数为 0。

【参考源代码】

```
#include <stdio.h>
float f1(int x,int n)
{
  if(n==0)
    return 1;
  else
    return x*f1(x,n-1);
}
main()
{
  int i,j,m;
  scanf("%d%d",&i,&j);
  m=f1(i,j);
  printf("%d的%d次方是%d\n",i,j,m);
}
```

6.3 实践项目

6.3.1 实践项目 6-1：最大公约数

【实验内容】 编制子函数,求两个自然数的最大公约数。

【编程分析】 自然数 a 和 b 的最大公约数是能够同时整除二者的最大值。采用辗转相除法来求最大公约数。假设 a,b,r 分别表示被除数、除数和余数。

辗转相除法步骤如下。

(1) r＝a/b(求得 a 和 b 的余数)。

(2) 若 r 为 0,则最大公约数是 b,程序结束;若 r 不为 0,执行步骤(3)。

(3) 令 a=b,b=r,执行步骤(1)。

由于循环次数不确定,因此上述过程采用 while 循环实现,其中,循环结束条件是 r=0。

子函数的形参是两个 int 类型数据,分别表示两个自然数的值。

6.3.2 实践项目 6-2:奇(偶)项之和

【实验内容】 从键盘输入正整数 n,当 n 是偶数时,输出$\frac{1}{2}+\frac{1}{4}+\cdots+\frac{1}{n}$之和;当 n 是奇数时,输出$1+\frac{1}{3}+\frac{1}{5}+\cdots+\frac{1}{n}$之和。要求编制子函数实现求和运算。

【编程分析】 编制两个子函数,分别对应 n 是奇数、偶数时求分项之和。循环次数是确定的,因此采用 for 循环结构。特别要注意的是,1/2=0,而 1.0/2=0.5,即分项表达式应为 1.0/i,分项之和应为实型数据。

6.3.3 实践项目 6-3:素数

【实验内容】 编制函数输出一维数组中的素数。

【编程分析】 如果 n 存在某个因子(不包括 1 和自身),那么 n 肯定能分解为两个整数的乘积。其中,相对较小的因子一定小于或等于 n 的平方根,所以除数 i 的取值限定在 sqrt(n)以内,以减少循环次数。具体来讲,如果 m 不能被 2~sqrt(m)的任一整数整除,m 必定是素数。

子函数的形参有两个,分别是数组地址及数组元素的个数。返回值是 int 类型,返回值是 1,表示 n 是素数;返回值是 0,表示不是素数。main 函数根据返回值来判断是否输出。

6.3.4 实践项目 6-4:最大的数组元素

【实验内容】 编制函数,从键盘输入数据,在数组中查找最大值及该元素的下标。

【编程分析】 假设最大值是第一个数组元素,设置变量 max,其初值为第一个数组元素。然后遍历数组,当遇到更大的数组元素时,将其赋值给 max 并记录元素下标。遍历结束之后就能找到最大值。

6.3.5 实践项目 6-5:等差数列

【实验内容】 某数组元素由等差数列组成,每个元素依次增加 3。如果第一个数组元素是 15,求第 6 个数组元素的值。要求用递归函数实现。

【编程分析】 编制递归函数最重要的两个问题:递归算法及递归结束条件。根据题意,递归结束条件是第一个数组元素的值是 15。递归算法是数列元素依次加 3。

6.3.6 实践项目 6-6:判断递增

【实验内容】 编制子函数,判断成绩数组是否按递增排序。

【编程分析】 判断是否递增需要相邻数组元素进行两两比较,这是典型的递归问题。

6.4 实践项目参考源代码

1. 实践项目 6-1 参考源代码

```
#include <stdio.h>
int gcd(int i,int j)
{
  int r;
  r=i%j;
  while(r)
    {
      i=j;
      j=r;
      r=i%j;
      }
  return j;
}
main( )
{
  int a,b;
  printf("请输入两个自然数:");
  scanf("%d%d",&a,&b);
  printf("%d和%d的最大公约数是%d",a,b,gcd(a,b));
}
```

2. 实践项目 6-2 参考源代码

```
#include <stdio.h>
float feven(int n)
{
  float sum=0;
  int i;
  for(i=2;i<=n;i+=2)
    sum+=1.0/i;
}
```

```
float fodd(int n)
{
  float sum=0;
  int i;
  for(i=1;i<=n;i+=2)
    sum+=1.0/i;
  return sum;
}
main()
{
  int num;
  printf("请输入一个自然数:");
  scanf("%d",&num);
  if(num%2==0)
    printf("偶数项之和为:%.6f",feven(num));
  else
    printf("奇数项之和为:%.6f",fodd(num));
}
```

3. 实践项目 6-3 参考源代码

```
#include <stdio.h>
#include <math.h>
int fun1(int n)
{
  int i;
  for(i=2;i<=sqrt(n);i++)
    if(n%i==0)
      break;                    //跳出 for 循环
  if(i>sqrt(n))
     return 1;                  //n 是素数
  else
    return 0;
}
main()
{
  int a[10]={3,17,12,6,54,31,29,67,56,33};
  int i;
  for(i=0;i<9;i++)
    if(fun1(a[i]))
      printf("%4d",a[i]);
}
```

4. 实践项目 6-4 参考源代码

```
#include <stdio.h>
```

```
int cal(int a[],int len)
{
  int i,k,max;
  max=a[0];
  for(i=1;i<len;i++)
    {
      if(a[i]>max)
        {
          max=a[i];
          k=i;
        }
      }
  return k;
}
main()
{
  int grade[10],i,j,len;
  printf("请输入数组长度:");
  scanf("%d",&len);
  for(i=0;i<len;i++)
    scanf("%d",grade+i);
  j=cal(grade,len);
  printf("第%d个元素最大,值是%d。",j+1,grade[j]);
}
```

5. 实践项目 6-5 参考源代码

```
#include <stdio.h>
int f(int n)
{
  int a;
  if(n==1)
    a=15;
  else
    a=f(n-1)+3;
  return a;
  }
main( )
{
  printf("第 6 个数组元素是:%d\n",f(6));
}
```

6. 实践项目 6-6 参考源代码

```
#include <stdio.h>
```

```
int asd(int a[],int i)
{
  if(i==1)
    return 1;
  if(a[i-2]>a[i-1])
    return 0;
  else
    return  asd(a,i-1);
}
main( )
{
  int i,len,grade[30],flag;
  printf("请输入学生人数:");
  scanf("%d",&len);
  printf("请依次输入学生成绩:");
  for(i=0;i<len;i++)
    scanf("%d",grade+i);
  flag=asd(grade,len);
  if(flag)
    printf("成绩是递增排列!");
  else
    printf("成绩不是递增排列!");
}
```

6.5 本章常见错误小结

1. 函数声明语句忘记写分号

例如:

```
int add(int,int)                //正确写法:int add(int,int);
```

2. 函数调用时,多写了实参类型

例如:

```
int add(int,int);
main()
{
  int i,j,sum;
  sum=add(int i,int j) ;        //正确写法: sum=add(i,j);
   ⋮
}
```

```
int add(int a,int b)
{…}
```

3. 实参类型与形参类型不一致

例如：

```
int add(int,int);
main()
{
  float i,j;
  add(i,j) ;                    //错误原因:实参类型与形参类型不一致
  ⋮
}
int add(int a,int b)
{…}
```

4. 实参个数与形参个数不一致

例如：

```
int add(int,int,int);
main()
{
  int i,j,sum;
  sum=add(i,j) ;                //错误原因:实参个数与形参个数不一致
  ⋮
}
int add(int a,int b,int c)
{…}
```

5. 调用函数之前未进行函数定义或函数申明

例如：

```
main()
{
  int i,j;
  add(i,j) ;                    //错误原因:调用函数之前未进行函数定义或函数声明
  ⋮
}
int add(int a,int b)
{…}
```

6. 函数类型定义为 void,主调函数中却试图利用函数返回值进行某些运算

例如：

```
void  operate(int,int);
main()
{
  int i,j,sum;
  sum=operate (i,j) ;              //错误原因:函数类型为void,不能进行赋值运算
  ⋮
}
void  operate(int a,int b)
{…}
```

7. 数组作为形参,函数定义中漏写方括号

例如:

```
int gbs(int a,int n)               //正确写法:int gbs(int a[],int n)
{…}
main()
{
  int b[4]={2,3,4,5},m;
  m=gbs(b,4);                      //数组作为参数
}
```

8. 数组作为形参,函数定义中漏写数组元素个数

例如:

```
int gbs(int a[])                   //正确写法:int gbs(int a[],int n)
{…}
main()
{
  int b[4]={2,3,4,5},m;
  m=gbs(b,4);                      //数组作为参数
}
```

第7章

指　　针

指针是C语言的特色和精华所在。使用指针可以动态分配内存空间，处理复杂数据，能够直接使用内存地址进行相关操作。程序运行中用到的所有数据都存放在内存中。内存以字节作为基本的存储单位，其中每一字节都有一个编号，这个编号称为地址。根据存储单元的地址，即可找到该存储单元内保存的内容。

7.1　知识梳理

7.1.1　指针的基本概念

存储单元的地址也称为指针。因此，指针的含义就是某存储单元的地址。换句话说，指针是用来存放内存地址的变量。

C语言中引用变量有直接引用和间接引用两种方式。其中，直接引用是指通过变量名引用变量，间接引用则是指通过指针(即变量地址)找到要访问的变量。

1. 指针的定义

指针变量的定义格式：

```
类型名称　*指针变量名;
```

其中，类型名称是指针所指向的变量的类型，可以是C语言中规定的任何一种有效的类型，如int、char、double等。指针变量名是指针变量的名称，必须是符合C语言规定的合法标识符。符号“*”是“指向”的意思。

不同类型的变量占用不同大小的存储空间，因此，定义指针变量时，必须要说明指针所指向变量的类型。只有这样，编译器才能找到正确的数据。

例如：

```
int *p;
```

该语句定义了一个指向int类型数据的指针变量，指针变量的名字是p，但是指针变量p

的值是不确定的，因为并未给其赋初值。

不同类型的变量占用不同大小的存储空间，因此，定义指针变量时，必须要说明指针所指向变量的类型。只有这样，编译器才能找到正确的数据。

例如：

```
int *p;
```

该语句定义了一个指向 int 类型数据的指针变量，指针变量的名字是 p，但是指针变量 p 的值是不确定的，因为并未给其赋初值。

2. 指针变量的初始化及赋值

（1）指针变量的定义及初始化。

其一般形式为

```
数据类型 T  x, *p=&x;
```

该语句的含义：定义 p 是指向 T 类型数据的指针变量，p 的初始值为 T 类型数据 x 的地址 &x。

例如：

```
int x, *p=&x;
```

执行该语句之后，指针 p 指向 int 类型变量 x，指针 p 的值是变量 x 的地址。

（2）指针变量的定义及赋值。

例如：

```
int m, a[10]={1,2,3,4,5}, *p1, *p2;
p1=&m;              //指针变量 p1 指向 int 类型变量 m,p1 的值是变量 m 的地址
p2=a;               //指针变量 p2 指向 int 类型数组 a,p2 的值是数组 a 的第一个元素的地址
```

指针变量的初始化及赋值对照表如表 7-1 所示。

表 7-1 指针变量的初始化及赋值对照表

类　型	基本变量	数　组	字符串(即字符数组)
定义的同时初始化	int x, *p=&x;	int a[5], *p=a;	char *s="hello";
先定义再赋值	int x, *p; p=&x;	int a[5], *p; p=a;	char s[]="hello", *p; p=s;

特别注意：数组名是一个地址常量，其含义是数组中第一个元素的地址，不可以对其进行赋值或修改。

例如：

```
char name[10],i;
for(i=0;i<9;i++)
{
  scanf("%d",name);
```

```
  name++;        //错误:数组名是一个地址常量,不可以对其进行递增运算
}
```

7.1.2 指针运算

指针的值是一个地址,地址是无符号整数,根据实际应用,指针可以进行某些算术运算来实现相关功能。

1. 指针变量与整数进行加、减运算

如果指针变量 p 指向数组 a,则语句"p++;"表示指针指向数组 a 的第二个元素,表达式 p+i-1 表示数组中第 i 个元素的地址。

通过将指向数组元素的指针变量与整数做加、减运算就可以实现遍历数组或者查找数组元素的功能。

例如:

```
int a[10]={1,2,3,4,5,6,7,8,9,0}, *p,i;
p=a;
for(i=0;i=9;i++)
  {
    printf("%d", *p);
    p++;                                    //通过指针的递增运算遍历数组 a
  }
```

2. 同一数组中各元素的地址之间做减法运算

两个指向相同类型的指针做减法运算,表示两个指针之间相隔的变量个数。两个相同类型指针可以使用关系运算符比较大小,其实际意义在本章的实验案例 7-2 中将给出说明。

7.1.3 指针变量作形参

当指针变量作为形参,调用函数时传递的值是变量的地址,在子函数中对形参的操作就变成了对变量地址的操作,相应地实现了对实参的改变。

1. 一级指针作为形参

指针指向变量、数组及字符串时,相应的使用方法如表 7-2 所示。

表 7-2 指针作为形参的使用方法对照表

函　　数	基本变量	数　　组	字符串(即字符数组)
主函数(主调函数)	int x; f1(&x);	int a[5]; f1(a,5);	char *s="hello"; f1(s);

续表

函　　数	基本变量	数　　组	字符串(即字符数组)

子函数(被调函数)
(以子函数返回 int 类型为例)
	int f1(int * p)
	{
	函数体
	}
		int f1(int * p,int n)
		{/* 其中形参 n 表示数组的长度 */
		函数体
		}
			int f1(char * p)
			{/* 通常使用 while(* p!= '\0') 来结束对字符串的遍历 */
			函数体
			}

2. 二级指针作为形参

子函数间接访问主调函数中的二维数组时,形参可以是二级指针或指针数组。

例如:

```
int sum(int * * p,int m,int n)                //形参是二级指针
```

或者

```
int sum(int * [],int m,int n)                 //形参是指针数组
```

注意:函数形参"int * * p"与函数形参"int * p[]"只是不同的表现形式,其本质是相同的。

主函数中调用子函数的关键代码如下:

```
main
{
  int a[3][4], * b[3]={a[0],a[1],a[2]};
  …
  sum(b,3,4);
}
```

7.2　实 验 案 例

7.2.1　实验案例 7-1:指针变量的地址、值及指向的内容

【实验内容】　阅读程序及运行结果,深入理解指针。

```
#include <stdio.h>
main()
{
    char i=36, * p=&i;
    printf("指针变量的地址、指针变量的值、指针变量指向的内容:\n");
    printf("%x   %x   %d",&p,p, * p);
}
```

【程序及运行结果分析】 程序运行结果如图 7-1 所示。其中指针变量的地址是 28feb8，指针变量的值是 28febf，指针变量指向的内容是 36。

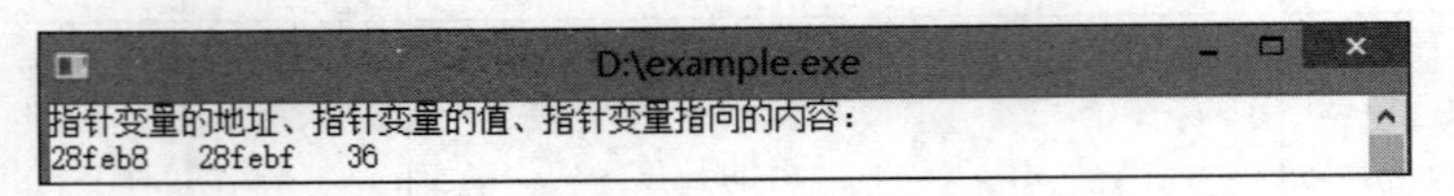

图 7-1 实验案例 7-1 程序运行结果

7.2.2 实验案例 7-2：比较指针指向的数字的大小

【实验内容】 从键盘输入两个整数，按照从小到大的顺序输出，要求使用指针实现程序功能。

【编程分析】 定义指针时，首先需要说明其指向的数据的类型。本案例中，指针指向的类型是 int 类型。可以在定义指针的同时初始化指针，也可以先定义指针再对其赋值。

【参考源代码 1】

```
#include <stdio.h>
main()
{
  int i,j, *p, *q;                              //定义指针
  scanf("%d%d",&i,&j);
  p=&i;                                         //给指针 p 赋值
  q=&j;                                         //给指针 q 赋值
  if(*p<*q)
    printf("%d  %d",*p,*q);
  else
    printf("%d  %d",*q,*p);
}
```

【参考源代码 2】

```
#include <stdio.h>
main()
{
  int i,j;
  int *p=&i,*q=&j;                              //定义指针的同时初始化
  scanf("%d%d",&i,&j);
  if(*p<*q)
    printf("%d  %d",*p,*q);
  else
    printf("%d  %d",*q,*p);
}
```

7.2.3　实验案例 7-3：指针运算的含义

【实验内容】 阅读程序及运行结果(见图 7-2)，深入理解指针运算的含义。

```
#include <stdio.h>
main( )
{
  int a[3]={10,21,32}, * p=a,i;
  double b[3]={2.1,4.3,7.8}, * q=b;
  printf("理解指针运算的本质:\n");
  printf("int 类型数组 a[3]的数组元素的地址值:");
  for(i=0;i<3;i++)
    {
      printf("%x  ",p);
      p++;
    }
  printf("\n");
  printf("double 类型数组 b[3]的数组元素的地址值:");
  for(i=0;i<3;i++)
    {
      printf("%x  ",q);
      q++;
    }
}
```

```
理解指针运算的本质:
int类型数组a[3]的数组元素的地址值:23fe20  23fe24  23fe28
double类型数组b[3]的数组元素的地址值:23fe00  23fe08  23fe10
```

图 7-2　实验案例 7-3 程序运行结果

【运行结果分析】 语句“p＋＋;”并不等价于“p＝p＋1;”。int 类型数组 a 中，由于 int 类型的变量在内存占 4 字节，因此，语句“p＋＋;”等价于语句“p＝p＋4;”，而 double 类型数组 b 中，由于 double 类型的变量在内存占 8 字节，语句“q＋＋;”等价于语句“q＝q＋8;”。

在涉及数组元素的操作中，通常采用指针加、减运算来指向具体的元素。

7.2.4　实验案例 7-4：大于平均值的数组元素

【实验内容】 从键盘输入 10 个实数，计算其平均值并输出大于平均值的数组元素。要求通过指针变量引用数组元素。

【编程分析】 在循环体中使用指针递增运算即可遍历数组元素，从而找到大于平均值的数组元素。

【参考源代码】

```
#include <stdio.h>
main( )
{
  int i;
  float ave=0,a[10], * p=a;                    //定义及初始化指向数组的指针变量 p
  for(i=0;i<10;i++)
    {
      scanf("%f",p);
      ave=ave+ * p/10;
      p++;                                     //通过指针的递增运算,使其指向下一个数组元素
    }
  p=a;                                         //指针变量 p 指向数组的第一个元素
  for(i=0;i<10;i++,p++)                        //遍历数组元素
    if( * p>ave)
      printf("%.2f\n", * p);
}
```

7.2.5 实验案例 7-5：查找字符并统计其出现的次数

【实验内容】 从键盘输入字符串 str,查找其中是否存在字符'A'(忽略大小写),并统计其出现的次数。要求使用指针变量引用字符串中的字符。

【编程分析】 从键盘输入字符串,可以使用 gets(str)。定义指针 p,使其指向字符串的首字符,然后通过指针递增,遍历字符数组,遇到\0 时循环结束。也可以先利用 strlen 函数计算出字符数组的长度,采用 for 循环遍历数组。

【参考源代码】

```
#include <stdio.h>
#include <string.h>
main( )
{
  char str[20], * p;
  char c='A';
  int j=0;
  printf("please input a string:");
  gets(str);
  p=str;
  while( * p!='\0')
    {
      if ( * p==c)||( * p==c+32)
        j++;
      p++;
```

```
  }
 printf("%c在字符串%s中出现了%d次(忽略大小写)。",c,str,j);
}
```

【思考题】 如果要求用for循环遍历数组,源代码应该做何修改。

7.2.6 实验案例7-6:判断回文

【实验内容】 使用指针编程,判断一个字符串(以回车符结束)是否为回文。

【编程分析】 回文字符串是指正读和反读都一样的字符串,例如,字符串noon就是回文串。判断方法:将字符串逆序输出,看是否等于原始字符串。定义两个指针p、q,分别指向字符串首字符和字符串最后一个字符。指针p递增,指针q递减,比较*p和*q,如果相等则循环继续;如果不相等,则循环提前结束。

【参考源代码】

```
#include <string.h>
main()
{
  char str[20], *p, *q;
  int flag=1;
  p=str;                              //指针p指向字符串str
  gets(str);
  q=str+strlen(str)-1;                //指针q指向字符串str的最后一个字符
  while(p<q)
    {
      if(*p!=*q)
        {
          flag=0;
          break;
        }
      p++;                            //递增指针,使其指向后一个字符
      q--;                            //递减指针,使其指向前一个字符
    }
  if(flag==1)
      printf("%s是回文!",str);
  else
      printf("%s不是回文!",str);
}
```

7.2.7 实验案例7-7:交换两个数

【实验内容】 交换两个数并输出,要求使用子函数实现交换功能。

【编程分析】 函数传递的方式是值传递，即将实参的值传递给形参，在被调函数中任何对形参的操作都不能改变实参的值，是单向传递。如果想实现数据的双向传递，必须将指针作为函数的形参。指针作为形参时，调用函数时传递的值是变量的地址，在被调函数中对形参的操作就变成了对变量地址的操作，相应地实现了对实参的改变。

【参考源代码】

```
#include <stdio.h>
swap(int *a,int *b)                    //形参是指针
{
  int temp;
  temp=*a;
  *a=*b;
  *b=temp;
}
main()
{
  int i,j,t;
  printf("请输入两个不同的整数:");
  scanf("%d%d",&i,&j);
  swap(&i,&j);                         //实参是变量的地址
  printf("交换之后是:%d,%d",i,j);
}
```

7.2.8 实验案例 7-8：查找字符串

【实验内容】 编制函数，在字符串 str1 中查找是否包含字符串 str2。如果包含，则返回字符串 str2 在其中第一次出现的位置，否则返回 NULL。

【编程分析】 根据题意，子函数的形参是指向字符串的指针，其中指针 s1 指向被查找的字符串，指针 s2 指向要查找的字符串。子函数的返回值是指针，即子函数类型是指向字符串的指针。

【参考源代码】

```
#include <stdio.h>
#include <string.h>
char *find_str(char *s1,char *s2)
{
  int i,j,flag=0;
  if(strlen(s1)<strlen(s2))
    return NULL;
  for(i=0;i<strlen(s1)-strlen(s2);i++)
    {
      for(j=0;j<strlen(s2);j++)
```

```
        if(s1[i+j]!=s2[j])
          break;
        if(j==strlen(s2))
          return s1+i;                //返回字符串 s2 第 1 次出现的位置
      }
    return NULL;
  }
main()
{
  char str1[80],str2[80], * x;
  printf("请输入两个字符串,以回车符分隔:\n");
  gets(str1);
  gets(str2);
  if((x=find_str(str1,str2))!=NULL)
    printf("%s\n",x);
  else
    printf("未找到%s\n",str2);
}
```

7.3 实践项目

7.3.1 实践项目 7-1：逆序输出字符

【实验内容】 将字符数组中的字符逆序输出,要求通过指针变量引用数组中的元素。

【编程分析】 定义指针并初始化,将其指向数组的最后一个元素。采用循环结构逆序遍历数组即可输出数组元素,循环次数即字符串长度。

7.3.2 实践项目 7-2：同时出现在两个字符串中的字符

【实验内容】 将同时出现在两个字符串中的字符输出。要求用指针引用数组元素。

【编程分析】 字符串可以用字符数组表示。定义两个指针,分别指向两个字符串,按照指针递增的顺序依次查找相同的字符。字符数组的结束符是\0,因此可以采用 while 来判断字符数组的结束。也可以采用 for 循环结构,循环次数即较短的字符串的长度。

7.3.3 实践项目 7-3：按字典顺序对姓名排序

【实验内容】 将你和室友的名字按照字典顺序排序后输出。

【编程分析】 名字是字符串,若干名字就构成了字符串数组。指针数组用来存放一组同类型的地址值,可以用于字符串数组的操作。根据题意,程序中定义一个指针数组,数组各元素分别指向要排序的字符串(即名字)。排序可以采用选择法排序或冒泡法排序。

7.3.4 实践项目 7-4：连接字符串

【实验内容】 将从键盘输入的两个字符串连接后输出。

【编程分析】 使用 gets 函数将字符串输入字符数组,定义指针变量指向字符串 str2。调用 strlen 函数求出字符串 str1 的长度,然后利用循环结构遍历字符串 str2,将各字符依次存放在字符数组 str1 的相应位置。

也可以采用子函数实现,在子函数中访问调用函数中的字符串时,形参为指向字符串的指针变量,其对应的实参为调用函数中的字符数组地址。

7.3.5 实践项目 7-5：数组元素排序后保存到新数组

【实验内容】 将数组 a 中的数据按值从小到大存入另一数组 b。要求使用子函数实现,且形参是指向数组的指针变量。

【编程分析】 在子函数中访问调用函数中的一维数组时,形参应该包括数组地址(指针)及数组长度。其中,指针变量对应的实参为调用函数中的数组地址;数组长度对应的实参为调用函数中的数组元素个数。注意:如果指针变量指向字符串,则不需要数组长度,因为用 strlen 函数可以求得字符串长度。数组元素的排序可以采用选择法排序或冒泡法排序。

7.3.6 实践项目 7-6：输出回文

【实验内容】 从键盘输入一个字符串,保存并输出其相应的回文。例如:输入 world,输出 worlddlrow。要求用子函数实现,其中形参是指向字符串的指针。

【编程分析】 在子函数中访问调用函数中的字符串时,形参为指向字符串的指针变量,其对应的实参为调用函数中的字符数组地址。

7.3.7 实践项目 7-7：逆序输出字符串

【实验内容】 将从键盘输入的字符串逆序输出。要求使用子函数实现,形参是指针变量。

【编程分析】 子函数中调用 malloc 函数为逆序字符串申请相应大小的内存空间,同时定义指向该内存空间的指针 p。然后使用循环结构实现字符的逆序存放,最后添加'\0'作为字符串的结束标志。子函数的返回值即存放逆序字符串的字符数组地址。

7.3.8 实践项目 7-8：指针数组与二维数组

【实验内容】 用指针数组形式输出二维数组元素。

【编程分析】 指针数组存放一组同类型(指向同类型数据)的地址值。定义一个指针数组,数组元素分别是二维数组的行地址。

7.3.9 实践项目 7-9:两个二维数组的最大值之差

【实验内容】 求二维数组 a 和二维数组 b 的最大值之差。要求使用子函数实现,函数的形参是指向二维数组的指针。

【编程分析】 子函数间接访问主调函数中的二维数组时,形参可以是二级指针或指针数组。形参是二级指针的一般格式:

```
int sum(int **p,int m,int n)
```

形参是指针数组的一般格式:

```
int sum(int * [],int m,int n)
```

其中,函数形参"int **p"与函数形参"int * p[]"只是不同的表现形式,其本质是相同的。形参 m、n 分别对应调用函数中二维数组的行数及列数。

7.4 实践项目参考源代码

1. 实践项目 7-1 参考源代码

```
#include <stdio.h>
#include <ctype.h>
main()
{
  char str[12]="hello world", * p;
  int i;
  p=str+strlen(str);
  for(i=strlen(str);i>=0;i--)
    {
     printf("%c", * p);
     p--;
    }
}
```

2. 实践项目 7-2 参考源代码

【参考源代码 1】 使用 while 循环结构。

```
#include <stdio.h>
main( )
```

```
{
  char str1[]="hello world",str2[]="hello c", * p, * q;
  int i;
  p=str1;
  q=str2;
  while( * p!='\0'&& * q!='\0')
    {
      if ( * p== * q)
          printf("%c", * p);
      p++;
      q++;
    }
}
```

【参考源代码 2】 使用 for 循环。

```
#include <stdio.h>
main()
{
  char str1[]="hello world",str2[]="hello c", * p, * q;
  int i,len,len1,len2;
  p=str1;
  q=str2;
  len1=strlen(str1);
  len2=strlen(str2);
  len=len1<len2? len1:len2;
  for(i=0;i<len;i++)
    {
      if( * (p+i)== * (q+i))
         printf("%c", * (p+i));
    }
}
```

3. 实践项目 7-3 参考源代码

```
#include <stdio.h>
#include <string.h>
main()
{
  char * pname[4]={"Rose","John","Alice","Helen" }, * temp;
  int i,j,k;
  temp=pname[0];
  for(i=0;i<5;i++)
    {
      k=i;
```

```
      for(j=i+1;j<6;j++)
        {
          if(strcmp(pname[j],pname[k])<0)
            k=j;
          temp=pname[k];
          pname[k]=pname[i];
          pname[i]=temp;
        }
      for(i=0;i<6;i++)
        puts(pname[i]);
    }
}
```

4. 实践项目 7-4 参考源代码

【参考源代码 1】

```
#include <stdio.h>
#include <string.h>
main()
{
  char str1[20],str2[10], * q;
  int i=0,num;
  gets(str1);
  gets(str2);
  q=str2;
  num=strlen(str1);
  while(* q!='\0')
    {
      str1[num]= * q;
      num++;
      q++;
    }
  printf("连接之后的字符串是:%s。",str1);
}
```

【参考源代码 2】

```
#include <stdio.h>
#include <string.h>
void stringcat(char * pa,char * pb)
{
  while(* pa!='\0')
    pa++;
  while(* pb!='\0')
    {
```

```
        * pa= * pb;
        pa++;
        pb++;
      }
    * pa='\0';
  }
main()
{
  char str1[81],str2[30];
  gets(str1);
  gets(str2);
  stringcat(str1,str2);
  puts(str1);
}
```

5. 实践项目 7-5 参考源代码

```
#include <stdio.h>
ff(int * a,int * b,int n)
{
  int i,j,k,t;
  for(i=0;i<n;i++)
    b[i]=a[i];
  for(i=0;i<n-1; i++)
    {
      k=i;
      for(j=i+1;j<n;j++)
        if(b[j]<b[k])
          k=j;
      t=b[i];
      b[i]=b[k];
      b[k]=t;
    }
  }
main()
{
  int a[5]={2,-3,1,5,4},b[5];
  int i;
  ff(a,b,5);
  for(i=0;i<5;i++)
    printf("%d\t",b[i]);
  }
```

6. 实践项目 7-6 参考源代码

```
#include <stdio.h>
```

```
#include <string.h>
char f1(char * s)
{
  char * b, * a;
  a=s;
  while( * s!='\0')
    s++;
  b=s;
  while(b--!=a)
    {
      * s= * b;
     s++;
    }
  * s='\0';
}
main()
{
  char str1[20];
  printf("请输入字符串:");
  gets(str1);
  printf("相应的回文字符串是:");
  f1(str1);
  puts(str1);
}
```

7. 实践项目 7-7 参考源代码

```
#include <stdio.h>
#include <string.h>
char * f1(char * str)
{
  int i,len;
  char * p1;
  len=strlen(str);
  p1=(char*)malloc(len*sizeof(char)+1);
  for(i=0;i<len;i++)
    * (p1+len-i-1)= * (str+i);         //逆序存放字符
  * (p1+len)='\0';                     //字符串尾部加结束标志
  return p1;
}
main()
{
  char str[81];
  gets(str);
```

```c
    printf("逆序的字符串是:%s",f1(str));
}
```

8. 实践项目 7-8 参考源代码

【参考源代码 1】

```c
#include <stdio.h>
main()
{
    int a[3][4]={{0,1,2,3},{4,5,6,7},{8,9,10,11}};
    int *p[3],i,j;
    for(i=0;i<3;i++)
        p[i]=a[i];                    //将行地址作为指针数组的数组元素
    for(i=0;i<3;i++)
      {
        for(j=0;j<4;j++)
          printf("%6d",*(*(p+i)+j));
        printf("\n");
      }
}
```

【参考源代码 2】

```c
#include <stdio.h>
main()
{
    int i,j,a[3][4]={{0,1,2,3},{4,5,6,7},{8,9,10,11}};
    int *p[3]={a[0],a[1],a[2]};
    for(i=0;i<3;i++)
      {
        for(j=0;j<4;j++)
          printf("%6d",*(*(p+i)+j));
        printf("\n");
      }
}
```

9. 实践项目 7-9 参考源代码

```c
#include <stdio.h>
int find_max( int **x,int m,int n)
{
    int i,j;
    int max=x[0][0];
    for(i=0;i<m;i++)
      for(j=0;j<n;j++)
```

```
    if(*(*(x+i)+j)>max)
      max=*(*(x+i)+j);
  return max;
}
main()
{
  int i,j,a[3][3],b[4][5],*pa[3],*pb[4];
  for(i=0;i<3;i++)
    pa[i]=a[i];
  for(i=0;i<4;i++)
    pb[i]=b[i];
  for(i=0;i<3;i++)
    for(j=0;j<3;j++)
      scanf("%d",&a[i][j]);
  for(i=0;i<4;i++)
    for(j=0;j<5;j++)
      scanf("%d",&b[i][j]);
  printf("%d\n",find_max(pa,3,3)-find_max(pb,4,5));     //实参 pa 是指针数组名
}
```

7.5　本章常见错误小结

1. 初始化指针变量之前，未定义指针指向的数据

例如：

```
int  *p=&x,x;                   //正确写法:int  x,*p=&x;
```

2. 混淆初始化指针变量与用赋值表达式给指针变量赋值

例如：

```
int  x,*p=&x;                   //定义指针变量的同时,初始化指针
```

等价于

```
int  x,*p;                      //定义指针变量指向 int 类型数据
p=&x;                           //给指针变量赋初值
```

3. 引用指针变量之前没有对其赋值

例如：

```
int  *p;
printf("%d",*p);
```

4. 将一个具体的数据赋值给指针变量

例如：

```
int  * p;
p=2000;                          //错误原因:不能将具体的数值赋值给指针变量
```

注意：变量的地址是由编译系统分配的，用户无权操作。

5. 不同类型的指针混用

例如：

```
int  i, * p1=&i;
int  j, * p2=&j;
p2=p1;                           //错误原因:不同类型的指针变量之间不能进行赋值运算
```

6. 混淆指向一维数组的指针初始化和指向变量的指针初始化

例如：

```
int  a[3], * p=&a;               //正确写法:int  a[3], * p=a;
```

7. 混淆数组名和指针变量的区别

例如：

```
int  i,b[3];
for(i=0;i<3;i++)
  scanf("%d",b++);               //错误原因:数组名 a 是地址常量,其值不可以改变
```

正确写法 1：

```
int  i,b[3], * p;
p=a;
for(i=0;i<3;i++)
  scanf("%d",p++);
```

正确写法 2：

```
int  i,b[3], * p;
for(p=a;p<a+3;p++)
  scanf("%d",p);
```

8. 对指向二维数组的指针进行错误的初始化

例如：

```
int  a[3][4], * p;
p=a;                             //正确写法: p= * a;或者  p=a[0];p=&a[0][0];
```

第8章

结 构 体

结构体类型是由具有内在联系但却属于不同类型的数据组成的集合体，属于构造类型。程序员通过使用结构体来处理复杂的数据结构。结构体和数组的区别在于：所有的数组元素必须具有相同类型，而结构体成员可以是不同的数据类型。

结构体类型使用前要先定义，然后才能用它声明变量、数组和指针等。

8.1 知 识 梳 理

8.1.1 结构体类型的定义

结构体类型定义的一般形式：

```
struct 结构体类型名
{
  数据类型 1  结构体成员名 1;
  数据类型 2  结构体成员名 2;
  ⋮
  数据类型 n  结构体成员名 n;
};
```

其中：(1) struct 是定义结构体的关键字；

(2) 结构体类型名和结构体成员名均应符合C语言标识符的命名规则；

(3) 花括号内是结构体成员列表，对每个成员都需要进行命名及类型定义。

例如，存放学生基本信息的结构体类型定义如下。

```
struct stuinfo
{
  int  sno;                          //学号
  char sname[9];                     //姓名
  int sage;                          //年龄
```

```
  float score;                              //成绩
};
```

以上定义语句说明：结构体类型名是 information，该类型包含 4 个成员。

8.1.2 结构体类型数据的声明、初始化及引用

1. 结构体类型数据的声明

使用结构体类型数据之前必须先进行声明，声明之后系统即为其分配相应的连续存储空间。声明结构体类型数据共有如下 3 种方法。

(1) 先定义结构体类型，再声明结构体类型变量。

声明的一般形式如下：

```
struct 结构体类型名
{
    结构体成员列表
};
结构体类型名  变量名或数组说明符列表;
```

例如：

```
struct stuinfo
{
  int  sno;                                 //学号
  char sname[9];                            //姓名
  int sage;                                 //年龄
  float score;                              //成绩
};
stuinfo  li,a[60];                          //声明变量 li,数组 a 是 stuinfo 类型
```

(2) 定义结构体类型的同时声明结构体类型变量。

声明的一般形式如下：

```
struct 结构体类型名
{
    结构体成员列表
} 变量列表;
```

例如：

```
struct stuinfo
{
  int  sno;                                 //学号
  char sname[9];                            //姓名
  int sage;                                 //年龄
  float score;                              //成绩
```

```
} li,a[60];                          //声明变量 li,数组 a 是 stuinfo 类型
```

(3) 不定义结构体类型标识符,直接声明变量。

声明的一般形式如下:

```
struct
{
    结构体成员列表
} 变量列表;
```

例如:

```
struct
{
  int sno;                           //学号
  char sname[9];                     //姓名
  int sage;                          //年龄
  float score;                       //成绩
} li,a[60];                          //声明变量 li,数组 a 是结构体类型
```

建议读者采用第一种方法,即先定义结构体类型,再声明该类型数据。先定义再声明,可以提高程序的可读性。

2. 结构体类型数据的初始化

结构体变量可以在声明的同时进行初始化。

例如:

```
stuinfo  li={001, "Joe",21,98};
stuinfo  a[60]={{001, "Alice",18,87},{002, "John",19,75}};
```

3. 结构体类型数据的引用

既可以对结构体类型数据进行整体引用,也可以对其数据成员进行部分引用。

(1) 对结构体类型数据的整体引用。

整体引用是指将结构体类型变量作为一个整体进行赋值运算。

例如:

```
1 stuinfo  stu1,stu2={001,"Joe",24,98};
2 stu1=stu2;
```

其中,第 2 条语句将结构体变量 stu2 的各成员值依次赋值给 stu1 的对应成员。属于结构体类型数据的整体引用方式。

(2) 对结构体类型数据的部分引用。

部分引用是指对结构体类型变量中的某个或某些成员进行引用。引用分为直接引用和间接引用。

① 直接引用格式：

```
x.y
```

其中，x 为结构体类型变量或数组元素，y 为成员名，“.”是直接引用成员运算符。

例如：

```
struct stuinfo
  {
    int sno;                                //学号
    char sname[9];                          //姓名
    int sage;                               //年龄
    float score;                            //成绩
  };
stuinfo  stu2={001,"Joe",24,98};
stu2.sno=002;
```

② 间接引用格式：

```
p->y
```

其中，p 为指向结构体类型数据的指针，y 为成员名，“－＞”是间接引用成员运算符。

例如：

```
struct stuinfo
{
  int  sno;                                 //学号
  char sname[9];                            //姓名
  int sage;                                 //年龄
  float score;                              //成绩
};
stuinfo  *p, li;
p=&li;
p->sage=18;
```

8.2 实验案例

8.2.1 实验案例 8-1：学生信息

【实验内容】 从键盘输入若干学生(不超过 60 个)的学号、姓名、笔试成绩、面试成绩，输出学生的学号、姓名、笔试成绩、面试成绩及总评成绩。其中，总评成绩＝笔试成绩×0.6＋面试成绩×0.4。

【编程分析】 本案例涉及结构体类型变量及数组的定义、结构体数组成员的引用方法及结构体变量的基本操作。

其中，学生信息包含学号、姓名、笔试成绩、面试成绩、总评成绩共 5 种数据，其中涉及不同的数据类型，因此需要设计并定义一个结构体类型 grade。

结构体类型的定义如下：

```
struct grade
{
  int sno;                                    //学号
  char sname[9];                              //姓名
  float score1;                               //笔试成绩
  float score2;                               //面试成绩
  float sum;                                  //总评成绩
};
```

程序的实现要点如下。

(1) 定义结构体类型。

根据题意，结构体类型包括 5 个成员：学号、姓名、笔试成绩、面试成绩及总评成绩。

(2) 定义该结构体类型的数组。

(3) 使用循环结构将从键盘输入的数据保存到结构体数组中。

(4) 依次输出结构体数组中的数据。

对结构体数据成员的引用方式有直接引用和间接引用两种。下面给出直接引用和间接引用两种方式的源代码，读者可对二者进行比较，并选择自己习惯的写作方式。

【参考源代码 1】 直接引用方式。

```
#include <stdio.h>
struct grade
{
  int sno;
  char sname[9];
  float score1;
  float score2;
  float sum;
};
main()
{
  struct grade a[60],t;
  int i,j,k,n;
  printf("请输入学生人数:");
  scanf("%d",&n);
  printf("请依次输入学号、姓名、笔试成绩、面试成绩:\n");
  for(i=0;i<n;i++)
    {
    scanf("%d%s%f%f",&a[i].sno,a[i].sname,&a[i].score1,&a[i].score2);
```

```
    a[i].sum=a[i].score1*0.6+a[i].score2*0.4;    //自动计算总评成绩
  }
  printf("学生成绩分布\n");
  for(i=0;i<n;i++)
    printf("%d%8s%5.2f%5.2f  %5.2f\n",a[i].sno,a[i].sname,a[i].score1,a[i].
    score2,a[i].sum);
}
```

【参考源代码 2】 间接引用方式。

```
#include <stdio.h>
struct grade
{
  int sno;
  char sname[9];
  float score1;
  float score2;
  float sum;
};
main()
{
  struct grade a[20],t;
  int i,j,k,n;
  printf("请输入学生人数:");
  scanf("%d",&n);
  printf("请依次输入学号、姓名、笔试成绩、面试成绩:\n");
  for(i=0;i<n;i++)
    {
    scanf("%d%s%f%f",&(a+i)->sno,(a+i)->sname,&(a+i)->score1,&(a+i)->score2);
    (a+i)->sum=(a+i)->score1*0.6+(a+i)->score2*0.4;
  }
  printf("学生成绩分布\n");
  for(i=0;i<n;i++)
    printf("%d %8s %5.2f  %5.2f  %5.2f\n",(a+i)->sno,(a+i)->sname,(a+i)->
    score1,(a+i)->score2,(a+i)->sum);
}
```

【思考题】 如果学生人数不作任何限制,源程序应该如何修改?

8.2.2 实验案例 8-2:判断某年某月某日是当年的第几天

【实验内容】 从键盘输入年、月、日,输出该日是当年的第几天。编写函数,要求以结构体类型变量为子函数形参,子函数返回某日在本年中是第几天。

【编程分析】 题目要求以结构体类型变量作为形参,该结构体类型包括 3 个成员,分别是年、月、日。2月可能是28天或29天,因此需要判断当年是不是闰年。使用整型数组保存每个月的具体天数。

程序的实现要点如下。

(1) 定义结构体类型,包括3个成员:年、月、日。

(2) 定义整型数组,数组元素是每个月的天数,其中2月按28天计算。

(3) 判断某年是否为闰年,如果是闰年,则2月按29天计算。

【参考源代码】

```
#include <stdio.h>
struct date                                                              //定义结构体
{
  int year;
  int month;
  int day;
};

int f(struct date  x)
{
  int d[12]={31,28,31,30,31,30,31,31,30,31,30,31};
  int i,num=0;
  for(i=1;i<x.month;i++)
    if(i==2&&x.year%4==0&&x.year%100!=0||x.year%400==0)            //判断闰年
      num+=d[i-1]+1;
    else
      num+=d[i-1];
  num+=x.day;
  return num;
}
main()
{
  struct date i;
  printf("请输入年月日,以空格分隔:\n");
  scanf("%d%d%d",&i.year,&i.month,&i.day);
  printf("%d月%d日是%d年的第%d天.",i.month,i.day,i.year,f(i));
}
```

8.2.3 实验案例8-3:结构体指针

【实验内容】 已知结构体数组stu的数组元素分别是Anni,18,Rose,21,John,17,Helen,20。要求用结构体指针输出其中年龄最大的学生信息。

【编程分析】 本案例中涉及两个知识点:结构体数组和结构体指针。结构体数组是指数组类型为结构体,结构体指针是指向结构体的指针。通过结构体指针访问结构体成员有如下两种形式。

(1) 直接引用：(＊结构体指针变量名).结构体成员名。

(2) 间接引用：结构体指针变量名－＞结构体成员名。

程序的实现要点如下。

(1) 定义结构体,根据题意,结构体包括两个成员：姓名和年龄。

(2) 初始化结构体数组。

(3) 定义指向结构体数组的指针并初始化。

(4) 遍历结构体数组,查找并输出年龄最大的学生信息。

【参考源代码】

```
#include <stdio.h>
#define N 4                                                   //定义整型常量
struct stu
{
  char sname[9];
  int sage
};
main()
{
  struct stu a[N]={"Anni",18, "Rose",21,"John",17,"Helen",20};
  struct stu * p, * maxp;                                     //定义结构体指针
  int i;
  p=a;                                                        //结构体指针初始化
  maxp=a;                                                     //结构体指针初始化
  for(i=0;i<N;i++)
    {
      if(( * maxp).sage< ( * p).sage)                         //直接引用方式
        maxp=p;
      p++;
    }
  printf("年龄最大的学生是:%s,%d",( * maxp).sname,( * maxp).sage);
}
```

8.2.4 实验案例8-4：结构体变量(指针)作形参

【实验内容】 从键盘输入若干学生(不多于60名)的学号、姓名、笔试成绩、面试成绩,输出学生的学号、姓名、笔试成绩、面试成绩及总评成绩。其中,总评成绩＝笔试成绩×0.6＋面试成绩×0.4。其中,输入成绩和输出成绩均要求编写子函数实现。

【编程分析】 本案例涉及结构体变量(指针)作函数形参的使用方法。

【参考源代码】

```
#include <stdio.h>
struct grade
{
  int sno;
  char sname[9];
  float score1;
  float score2;
  float sum;
};

void input(struct grade * x)                           //形参是结构体类型指针
{
  scanf("%d%s%f%f",&x->sno,x->sname,&x->score1,&x->score2); //间接引用方式
  x->sum=x->score1 * 0.6+x->score2 * 0.4;
}

void output(struct grade x)                            //形参是结构体类型变量
{
  printf("%d%s%.2f%.2f%.2f\n",x.sno,x.sname,x.score1,x.score2,x.sum);
}

main( )
{
  struct grade a[60],t;
  int i,j,k,n;
  printf("请输入学生人数:");
  scanf("%d",&n);
  printf("请依次输入学号、姓名、笔试成绩、面试成绩:\n");
  for(i=0;i<n;i++)
    input(&a[i]);                                      //注意:&a[i]不能写成 a[i]

  printf("学生成绩分布如下:\n");
  for(i=0;i<n;i++)
    output(a[i]);                                      //注意: a[i]不能写成 &a[i]
}
```

【思考题】 如果学生人数不作限制,源代码应该如何修改?

提示:可以调用 malloc 函数实现动态数组。

8.3 实践项目

8.3.1 实践项目 8-1:库存信息

【实验内容】 仓库管理人员从键盘输入若干商品的名称、价格以及库存数量,生成库

存信息表。要求分别输出库存数量最多及最少的商品信息。

【编程分析】 根据要求，库存信息包括商品名称、价格以及库存数量，因此需要定义结构体类型以及结构体数组，其中商品名称是字符数组变量，价格是浮点型变量，库存数量是整型变量。

程序的实现要点如下。

(1) 定义结构体类型，声明结构体类型变量。

(2) 使用循环结构将商品信息输入库存信息表。

(3) 遍历库存信息表，查找并输出库存数量最多及最少的商品信息。

8.3.2 实践项目 8-2：结构体数组作形参

【实验内容】 输入 5 个学生的学号、姓名、笔试成绩、面试成绩。编写子函数统计总评成绩最高分并输出相应学生的信息。其中，总评成绩＝笔试成绩×0.6＋面试成绩×0.4。要求 return 语句返回的是结构体变量。

【编程分析】 子函数形参是结构体数组，类型为结构体，即 return 语句返回的是结构体变量。当子函数的返回值是结构体类型变量时，主函数中需要定义相应的结构体类型变量来接收子函数的返回值。

8.3.3 实践项目 8-3：查找客户手机号码

【实验内容】 通讯录里保存了若干客户名称及手机号码，从键盘输入某客户名字，查找其手机号码。如果找到，则输出其手机号码；如果找不到，则输出："查无此人!"

【编程分析】 通讯录是结构体数组，其中结构体由两个成员组成，分别是客户名称和手机号码。

程序的实现要点如下。

(1) 定义结构体类型及结构体类型数组并初始化通讯录。

(2) 采用循环结构遍历结构体类型数组，调用 strcmp 函数将从键盘输入的客户姓名与通讯录里的姓名进行比较，如果相等，则输出联系方式并退出循环，否则继续进入下一轮循环，重复此过程，直到循环结束。

8.3.4 实践项目 8-4：一元二次函数的解

【实验内容】 编写子函数求一元二次函数 $ax^2+bx+c=0$ 的解。main 函数调用子函数，输出函数的解。

【编程分析】 一元二次函数的解共有 3 种情况：

两个不同的实根；两个相等的实根，即一个实根；两个不同的虚根。

也可以简单地分为两种情况，即函数有实根和函数有虚根。

因此，可以定义一个包含 3 个数据成员的结构体类型 root：

```
struct root
    {
      float x1;
      float x2;
      int flag;                                          //实根、虚根的标识符
    };
```

子函数返回多个数据时,需要通过结构体变量返回工作。

8.4　实践项目参考源代码

1. 实践项目 8-1 参考源代码

```
#include <stdio.h>
main()
{
  struct list
  {
    char name[9];
    float price;
    int number;
  };
  struct list a[20];
  int i,n,j=0,k=0;
  int max,min;

  printf("请输入商品类别数:");
  scanf("%d",&n);
  printf("请依次输入商品名称、价格、库存数量:\n");
  for(i=0;i<n;i++)
    scanf("%s%f%d",a[i].name,&a[i].price,&a[i].number);
  max=a[0].number;
  min=a[0].number;

  for(i=1;i<n;i++)
    {
      if(a[i].number>max)
        {
          max=a[i].number;
          j=i;
        }
      if(a[i].number<min)
        {
```

```
            min=a[i].number;
            k=i;
        }
    }
printf("库存数量最多的是%s,数量是%d.\n",a[j].name,max);
printf("库存数量最少的是%s,数量是%d.",a[k].name,min);
}
```

2. 实践项目 8-2 参考源代码

```
#include <stdio.h>
struct grade
{
  int sno;
  char sname[9];
  float score1;
  float score2;
  float sum;
};

struct grade find_max(struct grade x,int n)
{
  int i,k=0;
  for(i=1;i<n;i++)
    if(x[i].sum>x[k].sum)
        k=i;
  return x[k];                                        //函数的返回值是结构体类型变量
}
main( )
{
  struct grade a[20],y;
  int i,n,j=0,k=0;
  float max_sum;
  printf("请输入学生人数:");
  scanf("%d",&n);
  printf("请依次输入学号、姓名、笔试成绩、面试成绩:\n");
  for(i=0;i<n;i++)
    {
      scanf("%d%s%f%f",&a[i].sno,a[i].sname,&a[i].score1,&a[i].score2);
      a[i].sum=a[i].score1 * 0.6+a[i].score2 * 0.4; }

  y=find_max(a,n);                                    //函数返回值是结构体类型变量

printf("总评最高分:%.2f,学生信息如下\n",y.sum);
```

```
printf("%d %s %.2f %.2f\n",y.sno,y.sname,y.score1,y.score2);
}
```

3. 实践项目 8-3 参考源代码

```
#include <string.h>
#include <stdio.h>
main()
{
  struct list
  {
    char name[9];
    int teleno;
  };

    struct list a[20]={"Rose",85320012,"John",88620231};
    int i,n,flag=0,number;
    char b[8];
    printf("请输入客户姓名:");
    scanf("%s",b);
    for(i=0;i<20;i++)
      {
        if(strcmp(a[i].name,b)==0)
          {
              flag=1;
              number=a[i].teleno;
              break;
          }
      }

    if(flag)
       printf("%s 的联系方式是:%ld",b,number);
    else
       printf("No Found!");
}
```

4. 实践项目 8-4 参考源代码

```
#include <stdio.h>
#include <math.h>
struct root
{
  float x1;
  float x2;
```

```
  int flag;                                 //flag=1 表示有实数根,flag=0 表示有虚数根
};

struct root f (int a,int b,int c)           //函数的返回值是结构体变量
{
  int d;
  struct root y;                            //y 是结构体变量
  d=b*b-4*a*c;
  if(d>=0)                                  //d>=0 时函数有两个实数根
    {
        y.x1=(-b+sqrt(d))/ 2/a;
        y.x2=(-b-sqrt(d))/2/a;
        y.flag=1;                           //flag 值为 1,表示 x1、x2 为实根
    }
  else                                      //d<0 时函数有两个虚根
    {
        y.x1=-b/2/a;                        //x1 是虚根的实部系数
        y.x2=sqrt(-d)/2/a;                  //x2 是虚根的虚部系数
        y.flag=0;
    }
  return  y;                                //返回值是结构体变量
}
main()
{
  int a1,a2,a3;
  struct root x;
  printf("请输入二次函数的系数 a、b、c:\n");
  scanf("%d%d%d",&a1,&a2,&a3);
  x=f(a1,a2,a3);                            //子函数的返回值是结构体变量
  if(x.flag)                                //flag 的值为 1 表示是实根
    printf("x1=%.2f\tx2=%.2f\n",x.x1,x.x2);
  else                                      //flag 的值为 0 表示是虚根
    printf("x1=%.2f+%.2fi   x2=%.2f-%.2fi\n",x.x1,x.x2,x.x1,x.x2);
}
```

8.5 本章常见错误小结

1. 结构体类型定义中,第二个花括号后面漏写分号

例如:

```
struct stuinfo
{ int  sno;
  char sname[9];
  int sage;
  float score;
};                                           //错误原因:花括号后面漏写分号
```

2. 混淆结构体类型和结构体变量的区别,对结构体类型赋值

例如:

```
struct stuinfo
{ int  sno;
  char  sname[9];
  int  sage;
  float score;
};
stuinfo.sno=20200011621;
strcpy(stuinfo.sname,"马晓");
stuinfo.sage=18;
stuinfo.score=99;
```

以上赋值语句的错误原因:stuinfo是结构体类型名,它不是变量,不占内存空间。只能对结构体变量中的成员进行赋值。

正确的写法:先定义变量,再赋值,代码如下:

```
struct stuinfo
{ int  sno;
  char  sname[9];
  int  sage;
  float score;
};
stuinfo  stu1;                               //声明结构体类型变量
stu1.sno=20200011621;
strcpy(stu1.sname,"马晓");
stu1.sage=18;
stu1.score=99;
```

3. 将结构体类型变量作为一个整体,进行赋值运算

例如:

```
struct stuinfo
{ int  sno;
  char  sname[9];
```

```
    int   sage;
    float score;  };
    stuinfo  stu1;
    stu1={001, "John",18,89};                //对结构体变量整体进行赋值运算
```

正确的写法如下：

```
stuinfo  stu1;
stu1.sno=001;
strcpy(stu1,"John");
stu1.sage=18;
stu1.score=89;
```

当然,可以在声明变量的同时进行初始化。下面的语句是正确的：

```
stuinfo  stu1={001, "John",18,89};
```

第9章

文　件

文件是存放在外部存储介质上的一组相关数据的有序集合。可以将文件内容读入内存进行相关处理，也可以将相关操作结果写入文件中进行永久保存。根据编码方式的不同，文件分为文本文件和二进制文件。其中，文本文件存放的是字符的 ASCII 码值，可以使用 Windows 的记事本等应用程序进行阅读；二进制文件则是以二进制的编码方式存放文件。

9.1 知识梳理

9.1.1 文件的基本概念

C 语言为每一个正在使用的文件建立一个结构体类型变量，其类型标识符为 FILE，该变量存放文件的相关信息，其中结构体类型变量 FILE 在头文件“stdio.h”中定义。

文件操作包括如下 4 个步骤。

(1) 定义文件指针变量；

(2) 打开文件；

(3) 对文件进行读或写操作；

(4) 关闭文件。

其中，文件指针变量的声明格式为

```
FILE  *文件结构体指针变量名。
```

例如：

```
FILE  *fp;
```

该语句声明指针变量 fp 指向文件结构体类型 FILE，确切地说，指针变量 fp 指向的是文件的当前读写位置。

9.1.2 打开文件

打开文件，实际上就是建立一个指向文件结构体变量的指针。

打开文件由函数 fopen 实现，函数 fopen 的调用形式为

```
fopen("文件名","文件打开方式")
```

如果文件打开成功，则返回指向该文件的 FILE 类型变量的首地址（文件指针）；打开失败时返回 NULL。

例如：

```
FILE * fp;
fp=fopen("test.txt","r");
```

该语句的含义：以只读的方式打开文件“test.txt”，指针 fp 指向文件“test.txt”。

不同的文件打开方式如表 9-1 所示。

表 9-1 文件的打开方式

打开方式	含义
"r"（只读）	以只读方式打开文本文件
"w"（只写）	以只写方式新建文本文件
"a"（追加）	以只写方式打开文本文件，将数据追加到文件末尾
"r＋"（可读可写）	以可读写方式打开文本文件
"w＋"（可读可写）	以可读写方式新建文本文件
"a＋"（可读可写）	以可读写方式打开文本文件，将数据追加到末尾
"rb"（只读）	以只读方式打开二进制文件
"wb"（只写）	以只写方式新建二进制文件
"ab"（追加）	以只写方式打开二进制文件，将数据追加到末尾
"rb＋"（可读可写）	以可读写方式打开二进制文件
"wb＋"（可读可写）	以可读写方式新建二进制文件
"ab＋"（可读可写）	以可读写方式打开二进制文件，将数据追加到末尾

需要注意的是：新建文件一定要用“w”或“w＋”方式打开。

9.1.3 读写文件

C 语言提供了若干函数用于对文件进行读和写。

1. 字符输入函数（fgetc）：从文件读一个字符到内存

函数原型：

```
int fgetc(FILE * fp);
```

例如：

```
ch=fgetc(fp);
```

该语句的含义：从指针变量 fp 指向的文件中读取一个字符并赋值给变量 ch。

2. 字符输出函数(fputc)：将一个字符写到文件中

函数原型：

```
int fputc(char ch,FILE * fp);
```

例如：

```
fputc(ch,fp);
```

该语句的含义：将字符变量 ch 写到 fp 所指向的文件中。

3. 字符串输入函数(fgets)：从文本文件中读一个字符串到字符数组

函数原型：

```
char * fgets(char * s,int n,FILE fp);
```

例如：

```
char sid[11];
FILE * fp;
⋮
fgets(sid,20,fp);
```

该语句的含义：从指针 fp 所指向文件的当前读写位置起，读 20 个字符到数组 sid。

4. 字符串输出函数(fputs)：将一个字符串写到文本文件中

函数原型：

```
int fputs(char * s, FILE fp);
```

例如：

```
char sid[11];
FILE * fp;
⋮
fputs(sid,fp);
```

该语句的含义：将字符串 sid 写入指针 fp 所指的文件中。

5. 格式化输入函数(fscanf)：按照指定的格式从文件中读取数据

函数原型：

```
int fscanf(FILE fp, char * format,地址列表);
```

例如：

```
FILE * fp;
char sno[12];
float price;
⋮
fscanf(fp,"%8s%.2f",sno,&price);
```

该语句的含义：从指针 fp 所指向文件的当前位置起，将商品编号、价格按照格式"%8s%.2f"读到数组 sno 和变量 price 中。

6. 格式化输出函数（fprintf）：将数据按照指定的格式写入文件中

函数原型：

```
int fprint(FILE fp, char * format,地址列表);
```

例如：

```
FILE * fp;
char sno[12];
float price;
⋮
fscanf(fp,"%8s%.2f",sno,&price);
```

该语句的含义：将数组 sno 和变量 price 中的数据，按照格式"%8s%.2f"写到指针 fp 所指向的文件中。

9.1.4 关闭文件

当文件操作完成之后，要及时关闭，关闭文件用函数 fclose 实现。

函数原型：

```
int fclose(FILE * fp);
```

关闭文件会强制将内存缓冲区中的数据写到磁盘进行永久保存，同时释放 fp 所指向的文件结构体和文件缓冲区。

9.1.5 其他常用函数

1. rewind 函数：将文件读写位置指针移动到文件头

函数原型：

```
void rewind(FILE * fp);
```

2. feof 函数：判断是否是文件末尾

函数原型：

```
feof(FILE * fp);
```

当读到文件末尾时返回非0值,否则返回0。

9.2 实验案例

9.2.1 实验案例9-1:显示文件内容

【实验内容】 从键盘输入一行数据到文件,显示该文件的内容。

【编程分析】 文件的操作步骤:定义文件指针变量→打开文件→操作文件→关闭文件。程序的实现要点如下。

(1) 定义文件指针变量:

```
FILE  * fp;
```

(2) 调用fopen函数打开文件。在某些情况下,打开文件可能会失败,如没有磁盘空间,或者要读的文件不存在等。程序中要能处理文件打开失败的情况,常用的源代码如下。

```
if((f=fopen(文件名,文件打开方式)==NULL)
  { printf("打开文件错误\n");
    exit(0);  }
```

如果文件打开失败,源程序将结束运行。

(3) 新建文件要用"w"或"w+"模式打开。其中,"w"是以只写方式新建文本文件,而"w+"则是以可读可写方式新建文本文件。

(4) 调用fputc函数将键盘数据输入文件。题目要求输入一行数据,数据个数不确定,因此,采用while语句实现循环过程,循环结束条件是用户输入'\n'。

(5) 如果采用"w"方式打开文件,则输入文件内容之后必须先关闭文件,然后以"r"方式才能显示文件内容;如果采用"w+"方式打开文件,则输入文件内容之后不需要关闭文件,只需调用rewind函数将文件指针重新指向文件头。

(6) 调用函数fgetc显示文本文件内容,文件结束符是EOF。

(7) 调用fclose函数关闭文件。

【参考源代码1】 文件打开方式采用"w"。

```
#include <stdio.h>
main( )
{
  FILE * fp;
  char ch,fname[20];
  printf("请输入文件名:");
  gets(fname);
  fp=fopen(fname,"w");
```

```
  printf("请输入文件内容,以回车符结束:");
  while((ch=getchar())!='\n')
    fputc(ch,fp);
  fclose(fp);                                  //第 12 行
  fp=fopen(fname,"r");                         //第 13 行
  ch=fgetc(fp);
  while(ch!=EOF)                               //判断是否是文件末尾
    {
      putchar(ch);
      ch=fgetc(fp);
    }
  printf("\n");
  fclose(fp);
}
```

【参考源代码 2】 文件打开方式采用"w+"。

```
#include <stdio.h>
main( )
{
  FILE * fp;
  char ch,fname[20];
  printf("请输入文件名:");
  gets(fname);
  fp=fopen(fname,"w+");
  printf("请输入文件内容,以回车符结束:");
  while((ch=getchar())!='\n')
    fputc(ch,fp);
  rewind(fp);                                  //将文件读写指针移动到文件头
  ch=fgetc(fp);
  while(ch!=EOF)
    {
      putchar(ch);
      ch=fgetc(fp);
    }
  printf("\n");
  fclose(fp);
}
```

【思考题】

(1) 参考源代码 1 和参考源代码 2 的区别是什么？哪一种效率更高？

(2) 将参考源代码 1 中的第 12 行和第 13 行代码删除后运行程序，运行结果是什么？验证你的想法是否正确。

9.2.2 实验案例 9-2：调用 fgetc 函数写文件

【实验内容】 从键盘输入若干字符，以^z 终止，将其中的大写字母转换成小写字母